100 DAYS
of
Math Foundations

ADDITION-SUBTRACTION
MULTIPLICATION-DIVISION

MATH WORKBOOK FOR THIRD GRADE

NAME..........................

AGE....................**DATE**....................

INTRODUCTION

We created this workbook because practicing math regularly helps improve skills and builds a positive attitude toward math, which is important for success in school.

This workbook gives extra practice and reinforces the math concepts taught in class.

It focuses only on addition, subtraction, multiplication, and division problems, without distractions like word problems. This helps kids become more fluent in basic math skills.

The workbook includes both traditional math problems and number bonds to provide a complete practice experience.

We hope your children enjoy this workbook.

If you find any mistakes, please contact us at giggleandshade.com so we can correct the next edition.

Giggle and Shade Staff
copyright 2024

CHECK THE LAST PAGE FOR CERTIFICATE OF COMPLETION

TABLE OF CONTENTS

Addition .... **5 - 30**
Subtraction .... **31 - 56**
Multiplication ..... **57 - 82**
Division .... **83 - 108**
Answers .... **109 - 119**
Certificate **121**

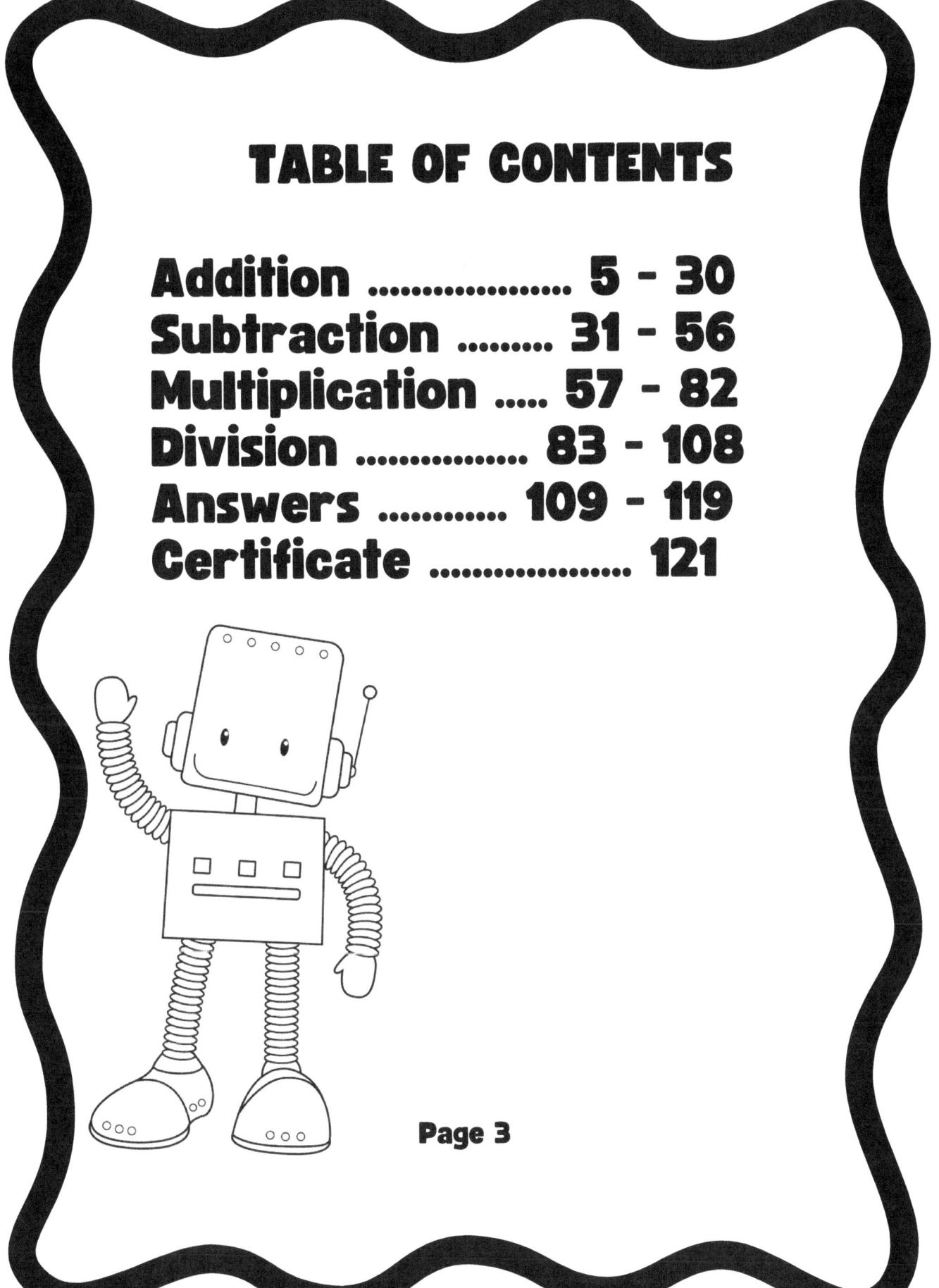

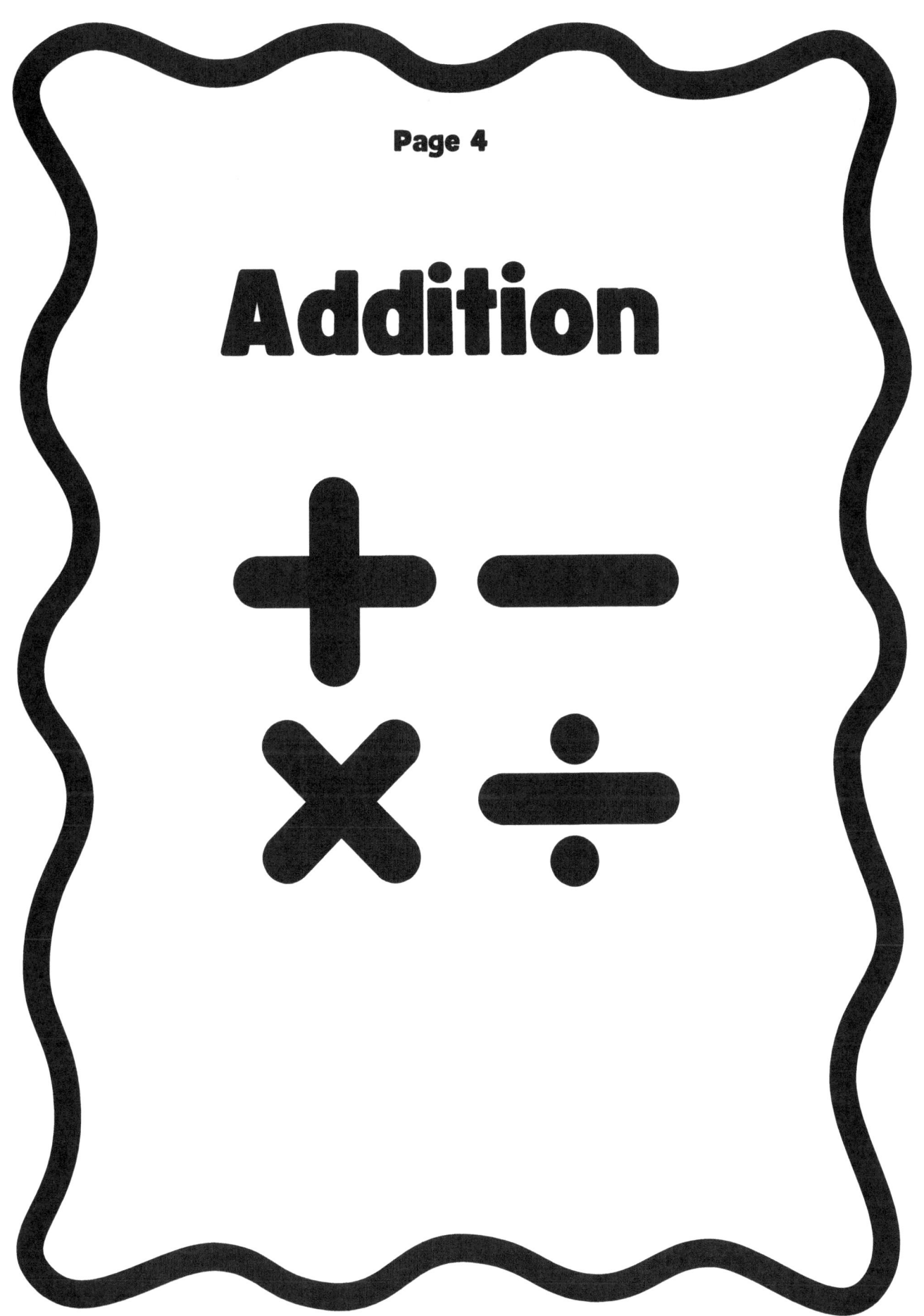

Addition Practice

① 59 + 30 = ☐   ② 56 + 57 = ☐   ③ 15 + 16 = ☐

④ 37 + 39 = ☐   ⑤ 44 + 21 = ☐   ⑥ 97 + 23 = ☐

⑦ 85 + 76 = ☐   ⑧ 40 + 70 = ☐   ⑨ 69 + 59 = ☐

⑩ 79 + 46 = ☐   ⑪ 25 + 27 = ☐   ⑫ 34 + 83 = ☐

⑬ 37 + 38 = ☐   ⑭ 81 + 59 = ☐   ⑮ 11 + 74 = ☐

⑯ 50 + 96 = ☐   ⑰ 62 + 99 = ☐   ⑱ 62 + 19 = ☐

⑲ 46 + 51 = ☐   ⑳ 10 + 89 = ☐   ㉑ 95 + 10 = ☐

㉒ 91 + 16 = ☐   ㉓ 97 + 63 = ☐   ㉔ 69 + 84 = ☐

㉕ 46 + 37 = ☐   ㉖ 75 + 23 = ☐   ㉗ 92 + 40 = ☐

㉘ 90 + 72 = ☐   ㉙ 79 + 94 = ☐   ㉚ 78 + 90 = ☐

**Why is math a robot's favorite class?
There's sum-thing about addition!**

Page 5

Addition Practice

① 89 + 29 =
② 35 + 94 =
③ 61 + 57 =
④ 90 + 49 =
⑤ 23 + 82 =

⑥ 62 + 96 =
⑦ 44 + 39 =
⑧ 22 + 80 =
⑨ 13 + 40 =
⑩ 81 + 28 =

⑪ 85 + 47 =
⑫ 21 + 79 =
⑬ 27 + 39 =
⑭ 52 + 36 =
⑮ 19 + 57 =

⑯ 47 + 89 =
⑰ 91 + 80 =
⑱ 14 + 30 =
⑲ 46 + 23 =
⑳ 50 + 68 =

㉑ 28 + 89 =
㉒ 47 + 46 =
㉓ 79 + 72 =
㉔ 36 + 24 =
㉕ 26 + 95 =

㉖ 34 + 18 =
㉗ 20 + 38 =
㉘ 13 + 46 =
㉙ 43 + 61 =
㉚ 26 + 29 =

Why did the robot become a math teacher?
Because it had too many functions!

Page 6

Addition Practice

1) 22 + ☐ = 45   2) 31 + ☐ = 79   3) 79 + ☐ = 109

4) 74 + ☐ = 126   5) 73 + ☐ = 161   6) 30 + ☐ = 115

7) 43 + ☐ = 92   8) 85 + ☐ = 183   9) 97 + ☐ = 115

10) 80 + ☐ = 94   11) 87 + ☐ = 102 12) 57 + ☐ = 69

13) 21 + ☐ = 65   14) 80 + ☐ = 89   15) 87 + ☐ = 125

16) 74 + ☐ = 117 17) 23 + ☐ = 35   18) 70 + ☐ = 95

19) 57 + ☐ = 108 20) 10 + ☐ = 51   21) 47 + ☐ = 128

22) 92 + ☐ = 187 23) 73 + ☐ = 104 24) 30 + ☐ = 78

25) 72 + ☐ = 118 26) 42 + ☐ = 82   27) 75 + ☐ = 86

28) 47 + ☐ = 109 29) 59 + ☐ = 130 30) 33 + ☐ = 72

Robots love math because they're always programmed to succeed!

Addition Practice

1) 64 + ☐ = 116
2) 92 + ☐ = 103
3) 38 + ☐ = 62
4) 89 + ☐ = 187
5) 39 + ☐ = 101

6) 62 + ☐ = 125
7) 26 + ☐ = 35
8) 44 + ☐ = 77
9) 56 + ☐ = 130
10) 55 + ☐ = 127

11) 49 + ☐ = 118
12) 26 + ☐ = 79
13) 99 + ☐ = 133
14) 25 + ☐ = 70
15) 54 + ☐ = 118

16) 34 + ☐ = 59
17) 31 + ☐ = 45
18) 66 + ☐ = 89
19) 48 + ☐ = 87
20) 18 + ☐ = 28

21) 21 + ☐ = 95
22) 14 + ☐ = 84
23) 65 + ☐ = 91
24) 63 + ☐ = 123
25) 9 + ☐ = 92

26) 26 + ☐ = 108
27) 68 + ☐ = 163
28) 92 + ☐ = 114
29) 93 + ☐ = 112
30) 75 + ☐ = 117

My favorite math operation is addition. It really adds up for me.

Page 8

Addition Practice

① 98 + ☐ = 136   ② 37 + ☐ = 81   ③ 84 + ☐ = 169

④ 94 + ☐ = 166   ⑤ 75 + ☐ = 118   ⑥ 89 + ☐ = 98

⑦ 52 + ☐ = 96   ⑧ 33 + ☐ = 131   ⑨ 83 + ☐ = 133

⑩ 19 + ☐ = 73   ⑪ 72 + ☐ = 115   ⑫ 41 + ☐ = 62

⑬ 31 + ☐ = 50   ⑭ 93 + ☐ = 119   ⑮ 61 + ☐ = 138

⑯ 90 + ☐ = 123   ⑰ 86 + ☐ = 139   ⑱ 25 + ☐ = 86

⑲ 44 + ☐ = 81   ⑳ 73 + ☐ = 112   ㉑ 10 + ☐ = 88

㉒ 80 + ☐ = 99   ㉓ 62 + ☐ = 92   ㉔ 43 + ☐ = 86

㉕ 86 + ☐ = 123   ㉖ 42 + ☐ = 111   ㉗ 20 + ☐ = 92

㉘ 57 + ☐ = 85   ㉙ 21 + ☐ = 42   ㉚ 30 + ☐ = 88

Robots never make mistakes in math – we're error-free by design.

Addition Practice

1) ☐ + 64 = 106
2) ☐ + 61 = 131
3) ☐ + 58 = 116
4) ☐ + 28 = 55
5) ☐ + 41 = 94

6) ☐ + 31 = 125
7) ☐ + 89 = 126
8) ☐ + 91 = 158
9) ☐ + 37 = 73
10) ☐ + 45 = 71

11) ☐ + 54 = 147
12) ☐ + 74 = 129
13) ☐ + 85 = 97
14) ☐ + 88 = 161
15) ☐ + 48 = 137

16) ☐ + 58 = 108
17) ☐ + 55 = 82
18) ☐ + 98 = 151
19) ☐ + 98 = 185
20) ☐ + 19 = 96

21) ☐ + 76 = 155
22) ☐ + 48 = 118
23) ☐ + 89 = 146
24) ☐ + 42 = 136
25) ☐ + 36 = 59

26) ☐ + 53 = 95
27) ☐ + 83 = 104
28) ☐ + 58 = 78
29) ☐ + 89 = 188
30) ☐ + 65 = 163

I don't need a calculator, I compute the answer in seconds.

Page 10

Addition Practice

① ☐ + 16 = 99   ② ☐ + 32 = 98   ③ ☐ + 68 = 133

④ ☐ + 72 = 99   ⑤ ☐ + 37 = 74   ⑥ ☐ + 70 = 126

⑦ ☐ + 72 = 153   ⑧ ☐ + 84 = 140   ⑨ ☐ + 37 = 89

⑩ ☐ + 47 = 142   ⑪ ☐ + 95 = 127   ⑫ ☐ + 52 = 73

⑬ ☐ + 50 = 120   ⑭ ☐ + 17 = 43   ⑮ ☐ + 82 = 176

⑯ ☐ + 28 = 53   ⑰ ☐ + 75 = 101   ⑱ ☐ + 55 = 66

⑲ ☐ + 9 = 38   ⑳ ☐ + 59 = 112   ㉑ ☐ + 29 = 99

㉒ ☐ + 49 = 144   ㉓ ☐ + 42 = 101   ㉔ ☐ + 19 = 76

㉕ ☐ + 87 = 154   ㉖ ☐ + 30 = 70   ㉗ ☐ + 53 = 129

㉘ ☐ + 87 = 151   ㉙ ☐ + 98 = 191   ㉚ ☐ + 98 = 187

Why did the robot go to math class?
Because it heard it was calculated fun!

Addition Practice

1) 81 + 74 =   2) 33 + 9 =   3) 22 + 92 =

4) 33 + 31 =   5) 39 + 47 =   6) 9 + 98 =

7) 73 + 62 =   8) 39 + 10 =   9) 62 + 95 =

10) 80 + 23 =   11) 61 + 77 =   12) 12 + 37 =

13) 21 + 53 =   14) 59 + 65 =   15) 76 + 35 =

16) 22 + 26 =   17) 80 + 79 =   18) 79 + 22 =

19) 62 + 84 =   20) 76 + 13 =   21) 16 + 61 =

22) 13 + 68 =   23) 23 + 86 =   24) 73 + 87 =

25) 59 + 59 =   26) 82 + 25 =   27) 41 + 30 =

28) 96 + 9 =   29) 9 + 14 =   30) 23 + 57 =

What's a robot's favorite subject in school?
AI-gear-bot!

Page 12

Addition Practice

1) 59 + 34

2) 12 + 75

3) 51 + 56

4) 68 + 65

5) 43 + 39

6) 16 + 65

7) 66 + 75

8) 47 + 60

9) 68 + 54

10) 47 + 69

11) 73 + 27

12) 50 + 95

13) 48 + 77

14) 48 + 64

15) 13 + 67

16) 93 + 71

17) 78 + 25

18) 28 + 85

19) 30 + 36

20) 54 + 62

21) 27 + 64

22) 29 + 51

23) 67 + 45

24) 49 + 38

25) 28 + 64

26) 89 + 42

27) 68 + 61

28) 99 + 95

29) 88 + 18

30) 95 + 54

Why did the robot get a perfect score on its math test?
It didn't want to short-circuit.

Page 13

Addition Practice

1) 12 + ☐ = 50   2) 44 + ☐ = 121   3) 76 + ☐ = 158

4) 22 + ☐ = 85   5) 80 + ☐ = 131   6) 67 + ☐ = 143

7) 14 + ☐ = 103   8) 24 + ☐ = 72   9) 20 + ☐ = 45

10) 93 + ☐ = 160   11) 18 + ☐ = 110   12) 20 + ☐ = 77

13) 74 + ☐ = 163   14) 67 + ☐ = 158   15) 41 + ☐ = 73

16) 37 + ☐ = 123   17) 87 + ☐ = 126   18) 17 + ☐ = 70

19) 78 + ☐ = 99   20) 59 + ☐ = 133   21) 87 + ☐ = 186

22) 22 + ☐ = 42   23) 17 + ☐ = 110   24) 59 + ☐ = 143

25) 75 + ☐ = 110   26) 93 + ☐ = 118   27) 48 + ☐ = 101

28) 40 + ☐ = 60   29) 41 + ☐ = 125   30) 69 + ☐ = 142

Why don't robots need calculators?
They can do mega-calculations in their heads!

Page 14

Addition Practice

1) 81 + ___ = 178
2) 67 + ___ = 140
3) 92 + ___ = 163
4) 29 + ___ = 84
5) 39 + ___ = 95

6) 68 + ___ = 132
7) 37 + ___ = 63
8) 58 + ___ = 124
9) 67 + ___ = 100
10) 32 + ___ = 127

11) 19 + ___ = 89
12) 71 + ___ = 92
13) 51 + ___ = 67
14) 84 + ___ = 115
15) 50 + ___ = 76

16) 20 + ___ = 65
17) 61 + ___ = 95
18) 83 + ___ = 139
19) 28 + ___ = 100
20) 71 + ___ = 123

21) 84 + ___ = 173
22) 62 + ___ = 149
23) 56 + ___ = 82
24) 33 + ___ = 131
25) 63 + ___ = 103

26) 26 + ___ = 89
27) 12 + ___ = 72
28) 19 + ___ = 40
29) 21 + ___ = 37
30) 53 + ___ = 82

How do robots eat their math homework? Byte by byte.

Addition Practice

1) ___ + 66 = 129   2) ___ + 35 = 67   3) ___ + 88 = 177

4) ___ + 72 = 164   5) ___ + 63 = 152   6) ___ + 27 = 111

7) ___ + 29 = 57   8) ___ + 26 = 39   9) ___ + 31 = 89

10) ___ + 83 = 98   11) ___ + 48 = 61   12) ___ + 47 = 77

13) ___ + 24 = 77   14) ___ + 66 = 79   15) ___ + 72 = 128

16) ___ + 85 = 159 17) ___ + 33 = 126 18) ___ + 52 = 102

19) ___ + 24 = 93   20) ___ + 35 = 91   21) ___ + 43 = 74

22) ___ + 97 = 108 23) ___ + 19 = 99   24) ___ + 97 = 151

25) ___ + 46 = 128 26) ___ + 26 = 46   27) ___ + 90 = 172

28) ___ + 57 = 153 29) ___ + 28 = 69   30) ___ + 60 = 125

What did the robot say to its math teacher? I'm having a problem – but don't worry, I'll debug it!

Addition Practice

1) 47 + 55
2) 70 + 69
3) 61 + 74
4) 14 + 86
5) 9 + 61

6) 65 + 33
7) 24 + 96
8) 35 + 36
9) 89 + 49
10) 25 + 17

11) 26 + 32
12) 18 + 26
13) 48 + 61
14) 81 + 80
15) 92 + 63

16) 13 + 30
17) 34 + 51
18) 74 + 16
19) 72 + 79
20) 47 + 57

21) 76 + 35
22) 14 + 19
23) 45 + 34
24) 20 + 68
25) 19 + 22

26) 58 + 43
27) 70 + 58
28) 83 + 14
29) 80 + 62
30) 34 + 95

What do you call a robot who loves solving math problems?
A number-cruncher!

Page 17

Addition Practice

1) 31 + 98 =   2) 32 + 74 =   3) 86 + 31 =

4) 63 + 81 =   5) 51 + 91 =   6) 38 + 79 =

7) 9 + 52 =   8) 98 + 59 =   9) 78 + 57 =

10) 61 + 63 =   11) 11 + 43 =   12) 92 + 14 =

13) 22 + 52 =   14) 60 + 37 =   15) 99 + 88 =

16) 27 + 68 =   17) 61 + 41 =   18) 90 + 83 =

19) 94 + 15 =   20) 73 + 20 =   21) 64 + 73 =

22) 60 + 31 =   23) 15 + 59 =   24) 48 + 17 =

25) 93 + 89 =   26) 81 + 90 =   27) 83 + 55 =

28) 19 + 72 =   29) 92 + 53 =   30) 75 + 28 =

Why was the robot always calm during math tests?
It had nerves of steel.

Page 18

Addition Practice

1) ☐ + 72 = 154
2) ☐ + 96 = 115
3) ☐ + 11 = 86
4) ☐ + 56 = 96
5) ☐ + 80 = 99

6) ☐ + 27 = 43
7) ☐ + 65 = 154
8) ☐ + 48 = 128
9) ☐ + 38 = 69
10) ☐ + 97 = 193

11) ☐ + 10 = 21
12) ☐ + 76 = 85
13) ☐ + 77 = 153
14) ☐ + 64 = 118
15) ☐ + 86 = 166

16) ☐ + 23 = 119
17) ☐ + 65 = 138
18) ☐ + 92 = 107
19) ☐ + 40 = 111
20) ☐ + 51 = 140

21) ☐ + 22 = 60
22) ☐ + 79 = 142
23) ☐ + 63 = 76
24) ☐ + 84 = 134
25) ☐ + 18 = 70

26) ☐ + 57 = 102
27) ☐ + 56 = 143
28) ☐ + 16 = 69
29) ☐ + 58 = 106
30) ☐ + 31 = 82

Why did the robot get detention in math class?
It kept repeating decimals!

Page 19

Addition Practice

1) ☐ + 69 = 85   2) ☐ + 74 = 126   3) ☐ + 43 = 119

4) ☐ + 24 = 80   5) ☐ + 65 = 90   6) ☐ + 66 = 95

7) ☐ + 21 = 82   8) ☐ + 77 = 142   9) ☐ + 83 = 97

10) ☐ + 62 = 118 11) ☐ + 95 = 177   12) ☐ + 52 = 135

13) ☐ + 90 = 127 14) ☐ + 84 = 105   15) ☐ + 77 = 150

16) ☐ + 86 = 172 17) ☐ + 9 = 59   18) ☐ + 36 = 134

19) ☐ + 51 = 95   20) ☐ + 96 = 194   21) ☐ + 37 = 90

22) ☐ + 58 = 138 23) ☐ + 51 = 76   24) ☐ + 32 = 104

25) ☐ + 31 = 85   26) ☐ + 11 = 105   27) ☐ + 62 = 125

28) ☐ + 95 = 142 29) ☐ + 98 = 121   30) ☐ + 67 = 162

**What did the robot say after solving a difficult math problem?
That was electrifying!**

Page 20

Addition Practice

1) 59 + ___ = 107
2) 22 + ___ = 110
3) 19 + ___ = 79
4) 15 + ___ = 26
5) 91 + ___ = 161

6) 88 + ___ = 112
7) 27 + ___ = 126
8) 77 + ___ = 117
9) 85 + ___ = 117
10) 91 + ___ = 173

11) 13 + ___ = 69
12) 65 + ___ = 163
13) 12 + ___ = 85
14) 70 + ___ = 124
15) 41 + ___ = 80

16) 29 + ___ = 41
17) 13 + ___ = 112
18) 68 + ___ = 142
19) 13 + ___ = 106
20) 24 + ___ = 62

21) 58 + ___ = 107
22) 84 + ___ = 105
23) 44 + ___ = 75
24) 98 + ___ = 133
25) 66 + ___ = 118

26) 43 + ___ = 89
27) 71 + ___ = 166
28) 21 + ___ = 100
29) 80 + ___ = 131
30) 50 + ___ = 61

What did the robot say when it finished its math homework?
Mission complete!

Page 21

Addition Practice

1) 84 + ___ = 117   2) 56 + ___ = 150   3) 35 + ___ = 73

4) 60 + ___ = 111   5) 20 + ___ = 62   6) 99 + ___ = 116

7) 79 + ___ = 123   8) 85 + ___ = 170   9) 25 + ___ = 57

10) 19 + ___ = 55   11) 12 + ___ = 101   12) 66 + ___ = 161

13) 96 + ___ = 153   14) 25 + ___ = 59   15) 82 + ___ = 96

16) 31 + ___ = 48   17) 71 + ___ = 84   18) 52 + ___ = 80

19) 57 + ___ = 132   20) 39 + ___ = 70   21) 58 + ___ = 76

22) 50 + ___ = 131   23) 45 + ___ = 76   24) 14 + ___ = 91

25) 50 + ___ = 139   26) 93 + ___ = 145   27) 72 + ___ = 122

28) 80 + ___ = 117   29) 38 + ___ = 113   30) 21 + ___ = 100

**Why did the robot fail the math test?
It thought it could wing it without any wires!.**

Addition Practice

1) 41 + 57
2) 84 + 32
3) 25 + 10
4) 24 + 69
5) 20 + 80

6) 80 + 54
7) 76 + 42
8) 32 + 55
9) 13 + 58
10) 18 + 75

11) 13 + 92
12) 30 + 45
13) 81 + 80
14) 17 + 95
15) 36 + 14

16) 84 + 83
17) 95 + 88
18) 74 + 27
19) 51 + 20
20) 99 + 46

21) 29 + 66
22) 94 + 21
23) 84 + 30
24) 19 + 86
25) 13 + 41

26) 94 + 92
27) 63 + 9
28) 32 + 54
29) 91 + 91
30) 58 + 20

What do you call a robot with perfect math skills? A bot-genius!

Page 23

Addition Practice

1) 15 + 77 =   2) 84 + 92 =   3) 83 + 65 =

4) 94 + 75 =   5) 38 + 72 =   6) 79 + 45 =

7) 18 + 90 =   8) 72 + 62 =   9) 25 + 96 =

10) 13 + 30 =   11) 80 + 63 =   12) 27 + 25 =

13) 81 + 63 =   14) 10 + 49 =   15) 86 + 78 =

16) 28 + 84 =   17) 68 + 79 =   18) 14 + 43 =

19) 34 + 70 =   20) 47 + 95 =   21) 53 + 58 =

22) 57 + 85 =   23) 91 + 76 =   24) 52 + 46 =

25) 32 + 93 =   26) 43 + 25 =   27) 84 + 67 =

28) 46 + 64 =   29) 94 + 56 =   30) 90 + 74 =

**Why was the robot so good at solving problems?
It always took things step by step!**

Addition Practice

1) + 17 / 51	2) + 64 / 97	3) + 69 / 98	4) + 99 / 117	5) + 98 / 123
6) + 88 / 152	7) + 30 / 85	8) + 93 / 137	9) + 27 / 40	10) + 46 / 113
11) + 88 / 99	12) + 61 / 97	13) + 88 / 124	14) + 92 / 164	15) + 15 / 99
16) + 48 / 133	17) + 28 / 116	18) + 42 / 110	19) + 29 / 41	20) + 48 / 58
21) + 40 / 67	22) + 59 / 142	23) + 97 / 119	24) + 84 / 180	25) + 35 / 60
26) + 12 / 44	27) + 65 / 99	28) + 26 / 125	29) + 47 / 145	30) + 31 / 68

**Why did the robot fail the fractions test?
It just couldn't cut it.**

Page 25

Addition Practice

1) ___ + 65 = 77   2) ___ + 46 = 80   3) ___ + 33 = 121

4) ___ + 16 = 68   5) ___ + 93 = 145   6) ___ + 66 = 100

7) ___ + 56 = 144   8) ___ + 76 = 112   9) ___ + 17 = 87

10) ___ + 22 = 94   11) ___ + 70 = 123   12) ___ + 68 = 117

13) ___ + 34 = 133   14) ___ + 45 = 144   15) ___ + 40 = 99

16) ___ + 64 = 154   17) ___ + 18 = 99   18) ___ + 44 = 94

19) ___ + 26 = 37   20) ___ + 93 = 125   21) ___ + 23 = 98

22) ___ + 88 = 105   23) ___ + 22 = 87   24) ___ + 9 = 51

25) ___ + 14 = 54   26) ___ + 66 = 165   27) ___ + 18 = 55

28) ___ + 85 = 178   29) ___ + 11 = 33   30) ___ + 58 = 142

Why don't robots ever make mistakes in math?
Because they calculate twice and cut once!

Addition Practice

1) 78 + __ = 106	2) 11 + __ = 96	3) 35 + __ = 78	4) 82 + __ = 168	5) 32 + __ = 77
6) 85 + __ = 101	7) 72 + __ = 122	8) 92 + __ = 153	9) 22 + __ = 100	10) 95 + __ = 126
11) 94 + __ = 191	12) 31 + __ = 52	13) 86 + __ = 185	14) 35 + __ = 62	15) 80 + __ = 143
16) 42 + __ = 85	17) 67 + __ = 155	18) 32 + __ = 58	19) 79 + __ = 111	20) 20 + __ = 78
21) 97 + __ = 188	22) 23 + __ = 59	23) 34 + __ = 47	24) 62 + __ = 123	25) 15 + __ = 33
26) 22 + __ = 96	27) 55 + __ = 127	28) 91 + __ = 179	29) 43 + __ = 125	30) 18 + __ = 80

How do robots feel about geometry? It really shapes their thinking!

Page 27

Addition Practice

1) 29 + ☐ = 128   2) 16 + ☐ = 51   3) 82 + ☐ = 149

4) 50 + ☐ = 75   5) 31 + ☐ = 96   6) 68 + ☐ = 77

7) 72 + ☐ = 81   8) 30 + ☐ = 113   9) 48 + ☐ = 66

10) 47 + ☐ = 73   11) 73 + ☐ = 167   12) 74 + ☐ = 144

13) 45 + ☐ = 56   14) 64 + ☐ = 149   15) 83 + ☐ = 125

16) 79 + ☐ = 164   17) 98 + ☐ = 150   18) 28 + ☐ = 66

19) 74 + ☐ = 94   20) 31 + ☐ = 74   21) 90 + ☐ = 188

22) 25 + ☐ = 47   23) 76 + ☐ = 125   24) 90 + ☐ = 155

25) 18 + ☐ = 59   26) 39 + ☐ = 117   27) 86 + ☐ = 123

28) 25 + ☐ = 119   29) 89 + ☐ = 112   30) 84 + ☐ = 141

What did the robot say to the addition problem?
I've got your number!

Addition Practice

1) 80 + 24
2) 37 + 62
3) 14 + 39
4) 27 + 39
5) 95 + 32

6) 91 + 26
7) 42 + 50
8) 86 + 77
9) 26 + 78
10) 61 + 25

11) 86 + 15
12) 60 + 71
13) 77 + 12
14) 77 + 72
15) 73 + 48

16) 71 + 74
17) 17 + 10
18) 51 + 30
19) 71 + 15
20) 59 + 51

21) 70 + 53
22) 56 + 9
23) 60 + 26
24) 65 + 36
25) 82 + 37

26) 37 + 33
27) 61 + 92
28) 53 + 31
29) 45 + 67
30) 81 + 32

Why was the robot great at math?
It had plenty of RAM for all the problems!

Page 29

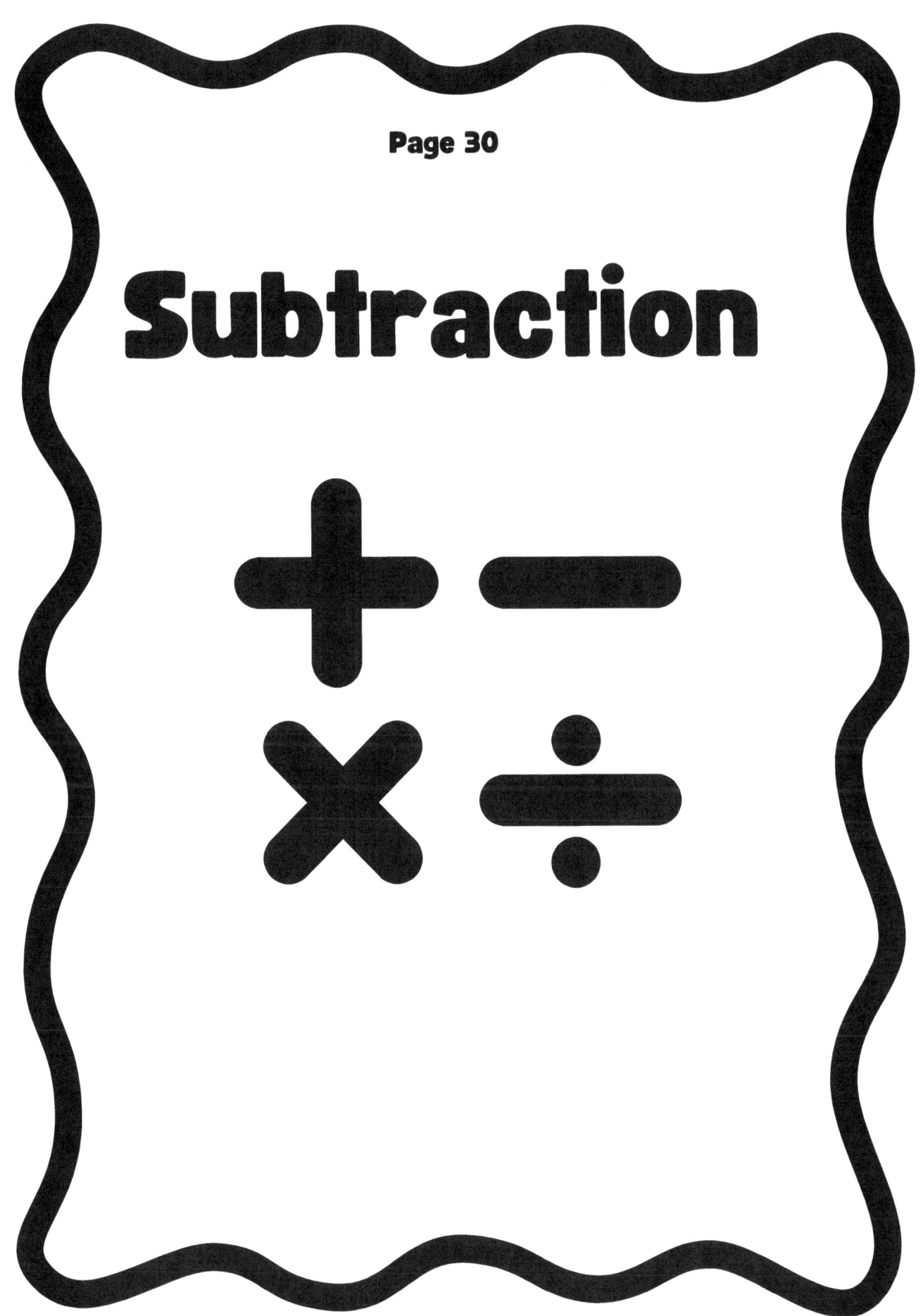

Subtraction Practice

① 77 - 65 = ② 60 - 51 = ③ 83 - 64 =

④ 99 - 39 = ⑤ 85 - 75 = ⑥ 59 - 49 =

⑦ 82 - 20 = ⑧ 97 - 24 = ⑨ 63 - 57 =

⑩ 45 - 30 = ⑪ 78 - 33 = ⑫ 54 - 37 =

⑬ 94 - 21 = ⑭ 88 - 80 = ⑮ 90 - 33 =

⑯ 64 - 51 = ⑰ 64 - 38 = ⑱ 78 - 33 =

⑲ 80 - 20 = ⑳ 88 - 82 = ㉑ 65 - 29 =

㉒ 75 - 12 = ㉓ 44 - 39 = ㉔ 40 - 35 =

㉕ 56 - 19 = ㉖ 92 - 16 = ㉗ 98 - 11 =

㉘ 58 - 23 = ㉙ 30 - 25 = ㉚ 48 - 48 =

**Why did the robot refuse to do addition?
It didn't want to be combined together.**

Page 31

Subtraction Practice

1) 22 − 22
2) 99 − 47
3) 36 − 33
4) 94 − 81
5) 59 − 35

6) 64 − 47
7) 59 − 53
8) 91 − 40
9) 83 − 60
10) 92 − 44

11) 92 − 42
12) 58 − 22
13) 66 − 47
14) 72 − 28
15) 85 − 56

16) 64 − 48
17) 92 − 48
18) 86 − 38
19) 83 − 45
20) 73 − 39

21) 53 − 45
22) 76 − 66
23) 82 − 58
24) 94 − 21
25) 52 − 23

26) 89 − 76
27) 92 − 80
28) 31 − 25
29) 41 − 22
30) 83 − 41

What's a robot's favorite way to solve division problems? By splitting circuits!

Page 32

Subtraction Practice

1) 78 − 38

2) 63 − 43

3) 67 − 42

4) 62 − 16

5) 99 − 80

6) 81 − 58

7) 71 − 26

8) 58 − 34

9) 89 − 30

10) 96 − 34

11) 76 − 36

12) 98 − 55

13) 77 − 59

14) 95 − 84

15) 94 − 60

16) 68 − 59

17) 64 − 49

18) 80 − 11

19) 36 − 25

20) 54 − 12

21) 74 − 55

22) 43 − 32

23) 72 − 62

24) 93 − 59

25) 55 − 8

26) 41 − 0

27) 80 − 35

28) 77 − 6

29) 44 − 6

30) 76 − 40

Why don't robots ever get confused by math? Their logic boards are always on!

Page 33

Subtraction Practice

① 18 - ☐ = 2   ② 89 - ☐ = 0   ③ 25 - ☐ = 13

④ 79 - ☐ = 64   ⑤ 79 - ☐ = 65   ⑥ 93 - ☐ = 7

⑦ 90 - ☐ = 65   ⑧ 85 - ☐ = 27   ⑨ 49 - ☐ = 3

⑩ 76 - ☐ = 22   ⑪ 61 - ☐ = 8   ⑫ 92 - ☐ = 12

⑬ 68 - ☐ = 52   ⑭ 81 - ☐ = 35   ⑮ 56 - ☐ = 47

⑯ 56 - ☐ = 42   ⑰ 15 - ☐ = 4   ⑱ 18 - ☐ = 3

⑲ 58 - ☐ = 35   ⑳ 40 - ☐ = 2   ㉑ 35 - ☐ = 14

㉒ 98 - ☐ = 60   ㉓ 81 - ☐ = 25   ㉔ 86 - ☐ = 17

㉕ 28 - ☐ = 6   ㉖ 28 - ☐ = 7   ㉗ 50 - ☐ = 36

㉘ 65 - ☐ = 53   ㉙ 87 - ☐ = 64   ㉚ 88 ☐ = 5

**Why did the robot love prime numbers?
Because they were practically unbeatable!**

Subtraction Practice

1) ☐ − 14 = 7	2) ☐ − 15 = 50	3) ☐ − 18 = 49	4) ☐ − 42 = 19	5) ☐ − 20 = 16
6) ☐ − 12 = 36	7) ☐ − 14 = 11	8) ☐ − 16 = 7	9) ☐ − 19 = 38	10) ☐ − 13 = 83
11) ☐ − 19 = 54	12) ☐ − 47 = 8	13) ☐ − 71 = 27	14) ☐ − 14 = 66	15) ☐ − 12 = 69
16) ☐ − 31 = 61	17) ☐ − 32 = 54	18) ☐ − 44 = 39	19) ☐ − 60 = 0	20) ☐ − 21 = 40
21) ☐ − 45 = 28	22) ☐ − 51 = 21	23) ☐ − 63 = 32	24) ☐ − 59 = 26	25) ☐ − 59 = 3
26) ☐ − 12 = 21	27) ☐ − 55 = 9	28) ☐ − 27 = 2	29) ☐ − 56 = 14	30) ☐ − 22 = 6

What did the robot say after solving a difficult fraction? That was a piece of pi!

Page 35

Subtraction Practice

1) ☐ − 60 = 38   2) ☐ − 33 = 52   3) ☐ − 10 = 2

4) ☐ − 68 = 23   5) ☐ − 64 = 2   6) ☐ − 32 = 33

7) ☐ − 82 = 17   8) ☐ − 42 = 50   9) ☐ − 11 = 30

10) ☐ − 13 = 58   11) ☐ − 17 = 6   12) ☐ − 41 = 16

13) ☐ − 41 = 15   14) ☐ − 10 = 20   15) ☐ − 19 = 27

16) ☐ − 22 = 0   17) ☐ − 61 = 2   18) ☐ − 34 = 41

19) ☐ − 22 = 63   20) ☐ − 9 = 59   21) ☐ − 44 = 46

22) ☐ − 13 = 62   23) ☐ − 13 = 85   24) ☐ − 78 = 14

25) ☐ − 63 = 3   26) ☐ − 68 = 20   27) ☐ − 28 = 27

28) ☐ − 50 = 9   29) ☐ − 90 = 4   30) ☐ − 62 = 22

Why do robots never argue with math? Because math is hardwired into their systems!

Page 36

Subtraction Practice

1) 66 − 39
2) 95 − 73
3) 80 − 42
4) 43 − 14
5) 67 − 45

6) 90 − 75
7) 62 − 47
8) 97 − 20
9) 42 − 30
10) 97 − 72

11) 80 − 74
12) 49 − 11
13) 85 − 20
14) 96 − 94
15) 79 − 11

16) 61 − 29
17) 99 − 80
18) 64 − 47
19) 44 − 22
20) 69 − 48

21) 32 − 14
22) 64 − 18
23) 55 − 38
24) 68 − 45
25) 46 − 11

26) 61 − 9
27) 23 − 19
28) 70 − 54
29) 29 − 11
30) 74 − 62

Why do robots never tell secrets during math class?
Because they're hardwired to stay silent!

Subtraction Practice

① 70 − 47 = ② 95 − 27 = ③ 76 − 37 =

④ 85 − 53 = ⑤ 88 − 74 = ⑥ 99 − 90 =

⑦ 82 − 28 = ⑧ 59 − 15 = ⑨ 86 − 33 =

⑩ 80 − 72 = ⑪ 90 − 37 = ⑫ 76 − 36 =

⑬ 99 − 65 = ⑭ 69 − 60 = ⑮ 71 − 13 =

⑯ 50 − 21 = ⑰ 41 − 16 = ⑱ 76 − 44 =

⑲ 71 − 19 = ⑳ 80 − 73 = ㉑ 80 − 42 =

㉒ 92 − 67 = ㉓ 94 − 21 = ㉔ 94 − 51 =

㉕ 78 − 39 = ㉖ 88 − 43 = ㉗ 68 − 36 =

㉘ 73 − 35 = ㉙ 83 − 72 = ㉚ 36 − 35 =

What did the robot say when it got a math problem wrong?
Error: Please recalculate.

Subtraction Practice

1) - 25 / 44	2) - 46 / 2	3) - 28 / 22	4) - 25 / 65	5) - 32 / 40
6) - 38 / 4	7) - 18 / 43	8) - 67 / 8	9) - 10 / 31	10) - 28 / 40
11) - 70 / 26	12) - 70 / 26	13) - 46 / 28	14) - 11 / 55	15) - 20 / 50
16) - 76 / 2	17) - 65 / 0	18) - 71 / 11	19) - 29 / 64	20) - 84 / 8
21) - 41 / 8	22) - 71 / 6	23) - 31 / 34	24) - 45 / 6	25) - 50 / 26
26) - 16 / 44	27) - 31 / 17	28) - 15 / 70	29) - 30 / 12	30) - 13 / 34

**Why did the robot excel in algebra?
It knew all about X-factors!**

Page 39

Subtraction Practice

1) ☐ − 89 = 6   2) ☐ − 68 = 26   3) ☐ − 26 = 14

4) ☐ − 16 = 32   5) ☐ − 11 = 76   6) ☐ − 35 = 3

7) ☐ − 22 = 58   8) ☐ − 49 = 50   9) ☐ − 73 = 1

10) ☐ − 10 = 80   11) ☐ − 57 = 35   12) ☐ − 73 = 12

13) ☐ − 36 = 8   14) ☐ − 24 = 67   15) ☐ − 68 = 19

16) ☐ − 44 = 47   17) ☐ − 88 = 4   18) ☐ − 12 = 85

19) ☐ − 48 = 15   20) ☐ − 16 = 49   21) ☐ − 33 = 40

22) ☐ − 62 = 2   23) ☐ − 52 = 29   24) ☐ − 71 = 1

25) ☐ − 30 = 24   26) ☐ − 38 = 59   27) ☐ − 41 = 1

28) ☐ − 12 = 29   29) ☐ − 16 = 28   30) ☐ − 17 = 32

Why do robots make great math teachers? They calculate the best ways to explain things!

Subtraction Practice

1) 59 − 26
2) 61 − 15
3) 57 − 35
4) 95 − 74
5) 47 − 29

6) 86 − 23
7) 55 − 2
8) 23 − 4
9) 79 − 11
10) 57 − 44

11) 88 − 33
12) 45 − 32
13) 86 − 40
14) 84 − 25
15) 44 − 23

16) 74 − 25
17) 11 −
18) 50 − 39
19) 92 − 22
20) 87 − 47

21) 67 − 8
22) 72 − 50
23) 39 − 1
24) 75 − 8
25) 23 − 11

26) 95 − 83
27) 44 − 15
28) 95 − 36
29) 88 − 24
30) 45 − 4

What does a robot do when it can't solve a math problem? It performs a reboot!

Page 41

Subtraction Practice

1) 43 - ☐ = 26   2) 62 - ☐ = 31   3) 50 - ☐ = 38

4) 84 - ☐ = 20   5) 87 - ☐ = 46   6) 98 - ☐ = 81

7) 75 - ☐ = 26   8) 13 - ☐ = 0   9) 84 - ☐ = 27

10) 76 - ☐ = 7   11) 53 - ☐ = 25   12) 97 - ☐ = 55

13) 56 - ☐ = 17   14) 57 - ☐ = 46   15) 46 - ☐ = 15

16) 16 - ☐ = 1   17) 53 - ☐ = 36   18) 98 - ☐ = 58

19) 92 - ☐ = 66   20) 60 - ☐ = 8   21) 92 - ☐ = 82

22) 85 - ☐ = 17   23) 47 - ☐ = 25   24) 41 - ☐ = 13

25) 68 - ☐ = 33   26) 80 - ☐ = 13   27) 69 - ☐ = 49

28) 56 - ☐ = 42   29) 99 - ☐ = 56   30) 88 - ☐ = 38

**What's a robot's favorite way to count?
Binary, of course!**

Subtraction Practice

1. ☐ − 12 = 15
2. ☐ − 15 = 63
3. ☐ − 77 = 14
4. ☐ − 75 = 16
5. ☐ − 23 = 14

6. ☐ − 10 = 44
7. ☐ − 40 = 7
8. ☐ − 17 = 28
9. ☐ − 69 = 22
10. ☐ − 57 = 36

11. ☐ − 24 = 44
12. ☐ − 39 = 50
13. ☐ − 20 = 42
14. ☐ − 84 = 11
15. ☐ − 17 = 20

16. ☐ − 81 = 15
17. ☐ − 19 = 26
18. ☐ − 50 = 47
19. ☐ − 21 = 35
20. ☐ − 23 = 38

21. ☐ − 87 = 1
22. ☐ − 52 = 9
23. ☐ − 16 = 39
24. ☐ − 51 = 5
25. ☐ − 23 = 75

26. ☐ − 16 = 54
27. ☐ − 21 = 30
28. ☐ − 49 = 49
29. ☐ − 10 = 52
30. ☐ − 15 = 2

Why did the robot's math homework disappear?
It was deleted!

Subtraction Practice

1) ☐ − 28 = 10   2) ☐ − 18 = 47   3) ☐ − 40 = 7

4) ☐ − 16 = 3   5) ☐ − 12 = 83   6) ☐ − 51 = 40

7) ☐ − 77 = 22   8) ☐ − 16 = 35   9) ☐ − 66 = 2

10) ☐ − 66 = 29   11) ☐ − 43 = 55   12) ☐ − 88 = 2

13) ☐ − 15 = 73   14) ☐ − 19 = 2   15) ☐ − 89 = 10

16) ☐ − 74 = 24   17) ☐ − 10 = 85   18) ☐ − 71 = 17

19) ☐ − 51 = 36   20) ☐ − 13 = 65   21) ☐ − 11 = 86

22) ☐ − 40 = 45   23) ☐ − 9 = 21   24) ☐ − 16 = 48

25) ☐ − 27 = 10   26) ☐ − 33 = 47   27) ☐ − 20 = 37

28) ☐ − 22 = 53   29) ☐ − 35 = 9   30) ☐ − 51 = 3

**Why do robots love solving equations?
Because they always balance out!**

Subtraction Practice

1) 85 − 65
2) 75 − 44
3) 95 − 91
4) 92 − 20
5) 47 − 9

6) 98 − 58
7) 91 − 75
8) 70 − 34
9) 50 − 27
10) 83 − 19

11) 66 − 30
12) 88 − 31
13) 77 − 41
14) 98 − 9
15) 64 − 26

16) 98 − 68
17) 88 − 26
18) 72 − 41
19) 87 − 82
20) 73 − 44

21) 87 − 19
22) 99 − 51
23) 65 − 19
24) 94 − 93
25) 80 − 27

26) 54 − 48
27) 84 − 68
28) 70 − 16
29) 89 − 32
30) 69 − 65

How did the robot fix its broken math skills? It upgraded its program!

Subtraction Practice

① 54 − 44 =   ② 36 − 26 =   ③ 55 − 49 =

④ 93 − 65 =   ⑤ 68 − 37 =   ⑥ 27 − 17 =

⑦ 67 − 35 =   ⑧ 53 − 42 =   ⑨ 60 − 41 =

⑩ 83 − 75 =   ⑪ 35 − 28 =   ⑫ 50 − 33 =

⑬ 88 − 27 =   ⑭ 80 − 39 =   ⑮ 89 − 52 =

⑯ 85 − 48 =   ⑰ 92 − 23 =   ⑱ 97 − 29 =

⑲ 24 − 22 =   ⑳ 75 − 36 =   ㉑ 29 − 29 =

㉒ 49 − 25 =   ㉓ 66 − 60 =   ㉔ 38 − 21 =

㉕ 75 − 19 =   ㉖ 61 − 12 =   ㉗ 32 − 23 =

㉘ 80 − 50 =   ㉙ 27 − 10 =   ㉚ 46 − 23 =

What did the robot say after finishing a tricky math problem? Mission solved!

Subtraction Practice

1) 29 − ☐ = 10
2) 70 − ☐ = 54
3) 97 − ☐ = 12
4) 65 − ☐ = 27
5) 67 − ☐ = 32

6) 34 − ☐ = 24
7) 95 − ☐ = 29
8) 99 − ☐ = 14
9) 99 − ☐ = 55
10) 30 − ☐ = 7

11) 46 − ☐ = 2
12) 93 − ☐ = 35
13) 84 − ☐ = 40
14) 53 − ☐ = 22
15) 91 − ☐ = 59

16) 27 − ☐ = 6
17) 90 − ☐ = 61
18) 37 − ☐ = 21
19) 28 − ☐ = 4
20) 84 − ☐ = 7

21) 77 − ☐ = 3
22) 61 − ☐ = 45
23) 68 − ☐ = 6
24) 97 − ☐ = 75
25) 95 − ☐ = 7

26) 99 − ☐ = 48
27) 50 − ☐ = 15
28) 89 − ☐ = 14
29) 76 − ☐ = 30
30) 91 − ☐ = 54

**Why did the robot fail geometry?
It couldn't handle all the twists and turns!**

Page 47

Subtraction Practice

1) 27 − ☐ = 18   2) 96 − ☐ = 37   3) 84 − ☐ = 73

4) 83 − ☐ = 52   5) 87 − ☐ = 46   6) 95 − ☐ = 72

7) 84 − ☐ = 26   8) 89 − ☐ = 55   9) 39 − ☐ = 29

10) 78 − ☐ = 10   11) 80 − ☐ = 27   12) 53 − ☐ = 37

13) 97 − ☐ = 52   14) 31 − ☐ = 2   15) 38 − ☐ = 3

16) 71 − ☐ = 0   17) 87 − ☐ = 19   18) 81 − ☐ = 2

19) 86 − ☐ = 65   20) 48 − ☐ = 32   21) 86 − ☐ = 24

22) 75 − ☐ = 29   23) 99 − ☐ = 47   24) 94 − ☐ = 19

25) 84 − ☐ = 37   26) 89 − ☐ = 54   27) 84 − ☐ = 20

28) 91 − ☐ = 32   29) 99 − ☐ = 25   30) 98 − ☐ = 15

What's a robot's favorite part of math class? The problem-solving circuits!

Subtraction Practice

1) 34 − 25

2) 60 − 52

3) 76 − 52

4) 89 − 56

5) 30 − 13

6) 71 − 68

7) 99 − 13

8) 76 − 34

9) 57 − 17

10) 85 − 32

11) 72 − 71

12) 90 − 29

13) 93 − 90

14) 91 − 48

15) 74 − 29

16) 85 − 39

17) 37 − 26

18) 62 − 38

19) 54 − 51

20) 91 − 69

21) 84 − 80

22) 62 − 24

23) 70 − 39

24) 25 − 13

25) 86 − 56

26) 42 − 12

27) 13 − 9

28) 96 − 58

29) 59 − 53

30) 42 − 14

Why don't robots ever cheat on math tests? They're programmed to follow the rules!

Page 49

Subtraction Practice

1) 73 - 14 = ☐   2) 31 - 29 = ☐   3) 46 - 15 = ☐

4) 84 - 21 = ☐   5) 84 - 44 = ☐   6) 66 - 25 = ☐

7) 83 - 29 = ☐   8) 69 - 15 = ☐   9) 97 - 65 = ☐

10) 71 - 49 = ☐   11) 79 - 58 = ☐   12) 97 - 59 = ☐

13) 80 - 22 = ☐   14) 95 - 94 = ☐   15) 77 - 14 = ☐

16) 56 - 31 = ☐   17) 92 - 21 = ☐   18) 95 - 66 = ☐

19) 62 - 46 = ☐   20) 72 - 42 = ☐   21) 64 - 30 = ☐

22) 61 - 17 = ☐   23) 92 - 24 = ☐   24) 15 - 13 = ☐

25) 81 - 41 = ☐   26) 76 - 68 = ☐   27) 76 - 59 = ☐

28) 56 - 44 = ☐   29) 73 - 37 = ☐   30) 67 - 50 = ☐

**Why do robots enjoy long division?
It gives them more space to think!**

Subtraction Practice

1) ☐ − 9 = 12   2) ☐ − 53 = 2   3) ☐ − 45 = 33

4) ☐ − 76 = 6   5) ☐ − 23 = 76   6) ☐ − 42 = 29

7) ☐ − 20 = 30   8) ☐ − 84 = 0   9) ☐ − 75 = 23

10) ☐ − 39 = 42   11) ☐ − 31 = 13   12) ☐ − 76 = 7

13) ☐ − 81 = 8   14) ☐ − 17 = 22   15) ☐ − 61 = 30

16) ☐ − 59 = 16   17) ☐ − 86 = 6   18) ☐ − 54 = 4

19) ☐ − 38 = 4   20) ☐ − 56 = 23   21) ☐ − 50 = 26

22) ☐ − 41 = 19   23) ☐ − 27 = 37   24) ☐ − 11 = 57

25) ☐ − 77 = 2   26) ☐ − 49 = 15   27) ☐ − 10 = 54

28) ☐ − 19 = 11   29) ☐ − 11 = 19   30) ☐ − 59 = 16

How do robots feel about subtraction?
They think it's just another loss of data!

Subtraction Practice

1) ☐ − 49 = 44
2) ☐ − 74 = 25
3) ☐ − 56 = 7
4) ☐ − 75 = 16
5) ☐ − 10 = 15

6) ☐ − 45 = 36
7) ☐ − 52 = 34
8) ☐ − 60 = 28
9) ☐ − 28 = 26
10) ☐ − 57 = 24

11) ☐ − 70 = 23
12) ☐ − 32 = 29
13) ☐ − 9 = 78
14) ☐ − 12 = 31
15) ☐ − 19 = 22

16) ☐ − 52 = 15
17) ☐ − 81 = 12
18) ☐ − 44 = 2
19) ☐ − 46 = 43
20) ☐ − 66 = 1

21) ☐ − 42 = 19
22) ☐ − 24 = 34
23) ☐ − 28 = 35
24) ☐ − 34 = 54
25) ☐ − 14 = 68

26) ☐ − 27 = 14
27) ☐ − 65 = 17
28) ☐ − 16 = 24
29) ☐ − 15 = 81
30) ☐ − 81 = 11

What do robots do when they can't solve a math problem?
They take a byte and come back later!

Subtraction Practice

1) 88 − ☐ = 25
2) 61 − ☐ = 51
3) 67 − ☐ = 58
4) 51 − ☐ = 4
5) 35 − ☐ = 9

6) 94 − ☐ = 64
7) 81 − ☐ = 44
8) 41 − ☐ = 19
9) 79 − ☐ = 56
10) 82 − ☐ = 8

11) 91 − ☐ = 7
12) 98 − ☐ = 60
13) 88 − ☐ = 50
14) 51 − ☐ = 4
15) 36 − ☐ = 4

16) 56 − ☐ = 2
17) 62 − ☐ = 5
18) 60 − ☐ = 8
19) 22 − ☐ = 10
20) 82 − ☐ = 13

21) 55 − ☐ = 36
22) 62 − ☐ = 21
23) 91 − ☐ = 78
24) 97 − ☐ = 70
25) 48 − ☐ = 32

26) 54 − ☐ = 0
27) 69 − ☐ = 23
28) 70 − ☐ = 18
29) 55 − ☐ = 6
30) 39 − ☐ = 4

Why don't robots need tutors for math? They've got all the answers stored!

Page 53

Subtraction Practice

1) 93 - ☐ = 37   2) 48 - ☐ = 16   3) 54 - ☐ = 29

4) 82 - ☐ = 17   5) 60 - ☐ = 50   6) 87 - ☐ = 75

7) 89 - ☐ = 48   8) 59 - ☐ = 8   9) 96 - ☐ = 2

10) 79 - ☐ = 57   11) 75 - ☐ = 14   12) 84 - ☐ = 34

13) 26 - ☐ = 10   14) 88 - ☐ = 0   15) 67 - ☐ = 47

16) 45 - ☐ = 15   17) 78 - ☐ = 41   18) 52 - ☐ = 43

19) 50 - ☐ = 23   20) 53 - ☐ = 38   21) 35 - ☐ = 1

22) 90 - ☐ = 52   23) 49 - ☐ = 20   24) 93 - ☐ = 76

25) 41 - ☐ = 23   26) 93 - ☐ = 3   27) 64 - ☐ = 49

28) 65 - ☐   6   29) 83 - ☐ = 2   30) 95 - ☐ = 0

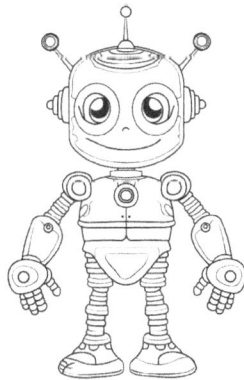

What did the robot say when asked about algebra?
It's elementary, my dear circuits!

Subtraction Practice

① 68 − 59　　② 61 − 47　　③ 83 − 39　　④ 78 − 62　　⑤ 69 − 15

⑥ 78 − 28　　⑦ 63 − 13　　⑧ 19 − 17　　⑨ 73 − 32　　⑩ 79 − 45

⑪ 64 − 38　　⑫ 31 − 31　　⑬ 92 − 60　　⑭ 70 − 59　　⑮ 72 − 67

⑯ 90 − 19　　⑰ 92 − 71　　⑱ 90 − 65　　⑲ 89 − 25　　⑳ 20 − 9

㉑ 19 − 18　　㉒ 54 − 17　　㉓ 64 − 40　　㉔ 95 − 10　　㉕ 85 − 20

㉖ 53 − 35　　㉗ 95 − 54　　㉘ 80 − 56　　㉙ 82 − 25　　㉚ 59 − 20

Why did the robot bring a ladder to math class?
Because it wanted to reach new heights in counting!

Page 55

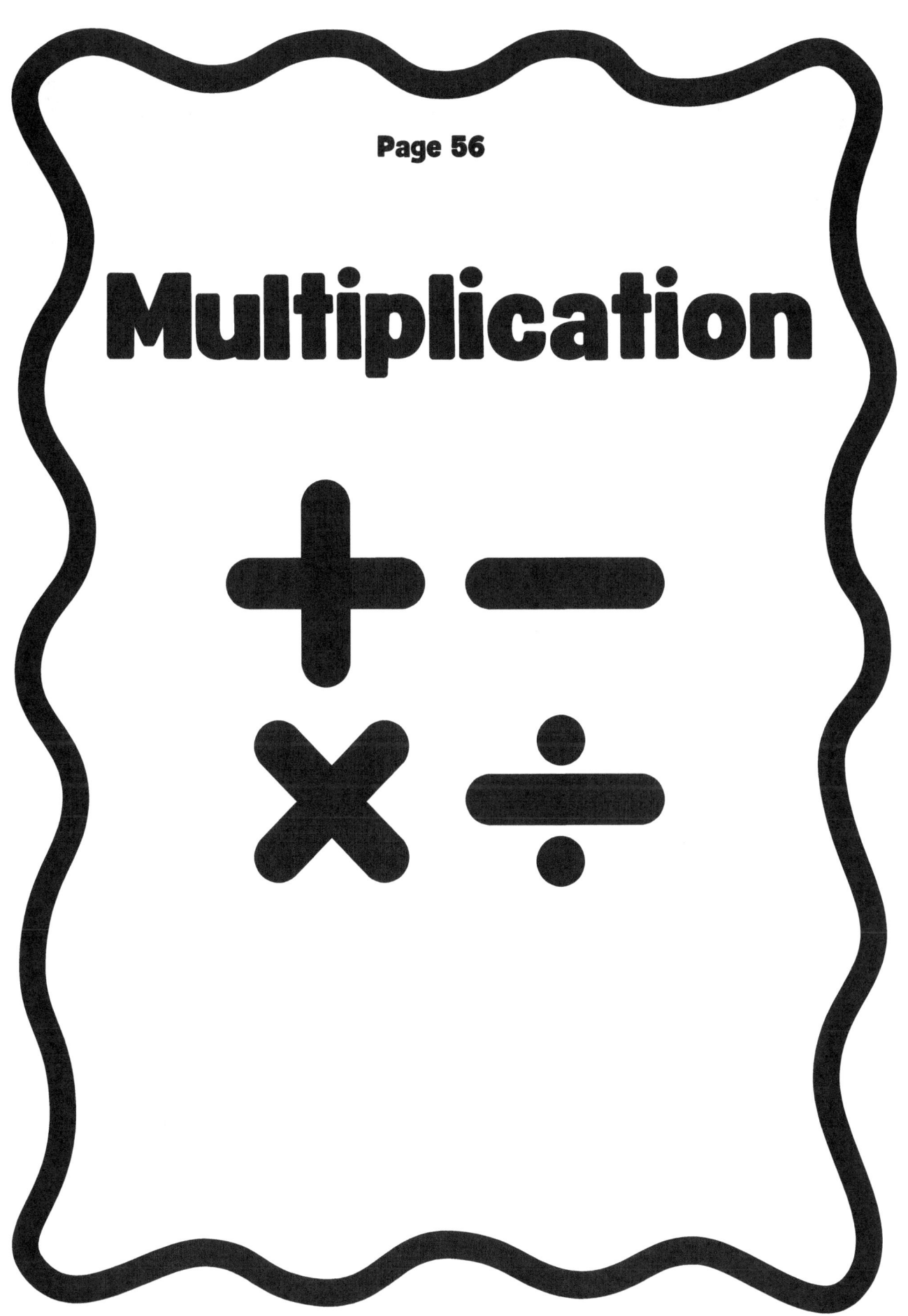

Multiplication Practice

① 1 × 6　　② 9 × 8　　③ 7 × 5　　④ 3 × 6　　⑤ 5 × 6

⑥ 7 × 8　　⑦ 7 × 5　　⑧ 9 × 6　　⑨ 7 × 4　　⑩ 3 × 4

⑪ 9 × 3　　⑫ 7 × 9　　⑬ 8 × 2　　⑭ 9 × 3　　⑮ 8 × 6

⑯ 4 × 6　　⑰ 5 × 7　　⑱ 4 × 5　　⑲ 2 × 2　　⑳ 9 × 2

㉑ 8 × 8　　㉒ 3 × 4　　㉓ 6 × 2　　㉔ 5 × 1　　㉕ 5 × 2

㉖ 4 × 2　　㉗ 6 × 6　　㉘ 3 × 5　　㉙ 5 × 9　　㉚ 1 × 4

**Why was the robot good at geometry?
Because it had all the right angles!**

Page 57

Multiplication Practice

(1) 6 × 8 =   (2) 7 × 4 =   (3) 3 × 9 =

(4) 1 × 5 =   (5) 4 × 6 =   (6) 6 × 1 =

(7) 6 × 5 =   (8) 5 × 3 =   (9) 5 × 6 =

(10) 4 × 9 =   (11) 3 × 3 =   (12) 7 × 9 =

(13) 4 × 2 =   (14) 3 × 2 =   (15) 2 × 4 =

(16) 2 × 7 =   (17) 5 × 4 =   (18) 1 × 5 =

(19) 2 × 9 =   (20) 3 × 4 =   (21) 3 × 6 =

(22) 1 × 9 =   (23) 1 × 7 =   (24) 8 × 1 =

(25) 9 × 4 =   (26) 7 × 7 =   (27) 8 × 1 =

(28) 5 × 7 =   (29) 6 × 9 =   (30) 2 × 4 =

What do you call a robot that can do calculus?
A smarty-pi!

Page 58

Multiplication Practice

① 4 × __ = 24
② 7 × __ = 7
③ 6 × __ = 48
④ 9 × __ = 36
⑤ 6 × __ = 6

⑥ 5 × __ = 35
⑦ 1 × __ = 1
⑧ 3 × __ = 12
⑨ 5 × __ = 15
⑩ 2 × __ = 6

⑪ 3 × __ = 3
⑫ 6 × __ = 36
⑬ 6 × __ = 30
⑭ 3 × __ = 15
⑮ 7 × __ = 28

⑯ 1 × __ = 6
⑰ 6 × __ = 48
⑱ 7 × __ = 7
⑲ 9 × __ = 18
⑳ 4 × __ = 28

㉑ 1 × __ = 9
㉒ 8 × __ = 8
㉓ 4 × __ = 32
㉔ 5 × __ = 40
㉕ 1 × __ = 3

㉖ 9 × __ = 9
㉗ 2 × __ = 10
㉘ 2 × __ = 6
㉙ 8 × __ = 32
㉚ 8 × __ = 24

Why was the math book always unhappy?
Because it had too many problems.

Page 59

Multiplication Practice

(1) 6 × ☐ = 12   (2) 5 × ☐ = 45   (3) 4 × ☐ = 4

(4) 8 × ☐ = 72   (5) 9 × ☐ = 45   (6) 1 × ☐ = 9

(7) 9 × ☐ = 54   (8) 8 × ☐ = 8   (9) 9 × ☐ = 45

(10) 5 × ☐ = 25   (11) 6 × ☐ = 18   (12) 4 × ☐ = 16

(13) 8 × ☐ = 56   (14) 2 × ☐ = 16   (15) 6 × ☐ = 36

(16) 6 × ☐ = 30   (17) 7 × ☐ = 49   (18) 6 × ☐ = 54

(19) 3 × ☐ = 15   (20) 4 × ☐ = 20   (21) 2 × ☐ = 10

(22) 1 × ☐ = 6   (23) 7 × ☐ = 7   (24) 7 × ☐ = 35

(25) 3 × ☐ = 15   (26) 7 × ☐ = 49   (27) 7 × ☐ = 56

(28) 8 × ☐ = 48   (29) 2 × ☐ = 18   (30) 9 × ☐ = 27

Why did the robot break up with its calculator?
Because it couldn't function properly anymore.

Multiplication Practice

1) ☐ × 2 = 10
2) ☐ × 2 = 8
3) ☐ × 7 = 35
4) ☐ × 9 = 54
5) ☐ × 7 = 35

6) ☐ × 6 = 6
7) ☐ × 3 = 24
8) ☐ × 9 = 18
9) ☐ × 4 = 24
10) ☐ × 1 = 4

11) ☐ × 3 = 21
12) ☐ × 3 = 12
13) ☐ × 1 = 7
14) ☐ × 9 = 63
15) ☐ × 7 = 21

16) ☐ × 1 = 3
17) ☐ × 2 = 10
18) ☐ × 3 = 21
19) ☐ × 3 = 3
20) ☐ × 8 = 40

21) ☐ × 4 = 4
22) ☐ × 1 = 5
23) ☐ × 1 = 4
24) ☐ × 2 = 6
25) ☐ × 9 = 54

26) ☐ × 9 = 36
27) ☐ × 8 = 8
28) ☐ × 3 = 18
29) ☐ × 5 = 15
30) ☐ × 6 = 18

What did the robot say when it solved a tricky equation?

"That problem was no resistance for me!"

Page 61

Multiplication Practice

1) ☐ × 1 = 3   2) ☐ × 3 = 24   3) ☐ × 1 = 7

4) ☐ × 8 = 32   5) ☐ × 3 = 12   6) ☐ × 7 = 63

7) ☐ × 8 = 40   8) ☐ × 6 = 36   9) ☐ × 2 = 16

10) ☐ × 9 = 18   11) ☐ × 8 = 56   12) ☐ × 3 = 24

13) ☐ × 1 = 8   14) ☐ × 2 = 8   15) ☐ × 6 = 6

16) ☐ × 5 = 5   17) ☐ × 5 = 5   18) ☐ × 8 = 64

19) ☐ × 8 = 40   20) ☐ × 1 = 5   21) ☐ × 8 = 24

22) ☐ × 9 = 9   23) ☐ × 3 = 6   24) ☐ × 9 = 63

25) ☐ × 8 = 40   26) ☐ × 2 = 4   27) ☐ × 9 = 36

28) ☐ × 2 = 6   29) ☐ × 8 = 48   30) ☐ × 3 = 18

How do robots solve their math problems? With precision tools – and a lot of charged thinking.

Multiplication Practice

1) 12 × 8
2) 3 × 3
3) 1 × 5
4) 6 × 12
5) 3 × 8

6) 11 × 3
7) 7 × 11
8) 4 × 11
9) 10 × 5
10) 5 × 4

11) 3 × 10
12) 8 × 4
13) 3 × 2
14) 3 × 9
15) 5 × 10

16) 4 × 1
17) 10 × 7
18) 11 × 12
19) 6 × 5
20) 8 × 2

21) 4 × 8
22) 6 × 1
23) 8 × 3
24) 9 × 8
25) 6 × 9

26) 12 × 3
27) 8 × 7
28) 5 × 8
29) 2 × 6
30) 8 × 6

Why was the robot good at fractions?
Because it knew how to split things evenly.

Page 63

Multiplication Practice

1) 9 × 11 = ☐ 2) 12 × 6 = ☐ 3) 4 × 1 = ☐

4) 8 × 4 = ☐ 5) 12 × 8 = ☐ 6) 7 × 8 = ☐

7) 8 × 7 = ☐ 8) 2 × 7 = ☐ 9) 3 × 11 = ☐

10) 3 × 10 = ☐ 11) 7 × 6 = ☐ 12) 6 × 6 = ☐

13) 7 × 4 = ☐ 14) 7 × 9 = ☐ 15) 12 × 11 = ☐

16) 9 × 10 = ☐ 17) 12 × 12 = ☐ 18) 2 × 6 = ☐

19) 11 × 9 = ☐ 20) 3 × 4 = ☐ 21) 6 × 12 = ☐

22) 8 × 8 = ☐ 23) 3 × 4 = ☐ 24) 11 × 6 = ☐

25) 9 × 8 = ☐ 26) 11 × 4 = ☐ 27) 9 × 6 = ☐

28) 6 × 3 = ☐ 29) 1 × 8 = ☐ 30) 11 × 12 = ☐

How do you make a math robot laugh? Tell it a function joke – they really derivative a good laugh.

Page 64

Multiplication Practice

① 6 × __ = 6

② 3 × __ = 12

③ 6 × __ = 18

④ 11 × __ = 121

⑤ 6 × __ = 54

⑥ 9 × __ = 9

⑦ 2 × __ = 4

⑧ 2 × __ = 18

⑨ 1 × __ = 8

⑩ 2 × __ = 16

⑪ 5 × __ = 10

⑫ 7 × __ = 28

⑬ 3 × __ = 24

⑭ 11 × __ = 33

⑮ 9 × __ = 45

⑯ 10 × __ = 120

⑰ 1 × __ = 2

⑱ 10 × __ = 10

⑲ 6 × __ = 6

⑳ 8 × __ = 16

㉑ 10 × __ = 30

㉒ 3 × __ = 18

㉓ 1 × __ = 11

㉔ 1 × __ = 5

㉕ 3 × __ = 36

㉖ 9 × __ = 63

㉗ 11 × __ = 99

㉘ 5 × __ = 60

㉙ 4 × __ = 28

㉚ 9 × __ = 18

How do you make a math robot laugh? Tell it a function joke – they really derivative a good laugh.

Page 65

Multiplication Practice

① 10 × ☐ = 50   ② 5 × ☐ = 35   ③ 9 × ☐ = 90

④ 6 × ☐ = 54   ⑤ 10 × ☐ = 110   ⑥ 11 × ☐ = 88

⑦ 2 × ☐ = 10   ⑧ 4 × ☐ = 12   ⑨ 10 × ☐ = 120

⑩ 6 × ☐ = 30   ⑪ 1 × ☐ = 6   ⑫ 6 × ☐ = 18

⑬ 9 × ☐ = 36   ⑭ 10 × ☐ = 80   ⑮ 5 × ☐ = 15

⑯ 12 × ☐ = 60   ⑰ 1 × ☐ = 12   ⑱ 3 × ☐ = 15

⑲ 6 × ☐ = 42   ⑳ 4 × ☐ = 12   ㉑ 9 × ☐ = 36

㉒ 1 × ☐ = 11   ㉓ 8 × ☐ = 40   ㉔ 4 × ☐ = 36

㉕ 5 × ☐ = 5   ㉖ 5 × ☐ = 5   ㉗ 8 × ☐ = 40

㉘ 11 × ☐ = 77   ㉙ 2 × ☐ = 18   ㉚ 1 × ☐ = 2

What did one math-loving robot say to the other?
"Stop overreacting! It's just a little subtraction."

Multiplication Practice

	× 4		× 4		× 7		× 8		× 8
	28		40		77		16		64

	× 4		× 11		× 10		× 7		× 1
	4		22		70		42		12

	× 12		× 7		× 4		× 11		× 7
	72		84		28		44		7

	× 1		× 11		× 2		× 10		× 5
	10		99		6		70		45

	× 6		× 2		× 1		× 7		× 8
	48		2		7		21		8

	× 8		× 3		× 5		× 4		× 7
	96		30		10		8		21

Why was the robot afraid of seven?
Because seven ate nine.

Page 67

Multiplication Practice

1) ☐ × 1 = 5
2) ☐ × 12 = 132
3) ☐ × 6 = 72
4) ☐ × 6 = 48
5) ☐ × 3 = 3
6) ☐ × 12 = 48
7) ☐ × 1 = 12
8) ☐ × 3 = 27
9) ☐ × 5 = 40
10) ☐ × 12 = 96
11) ☐ × 11 = 132
12) ☐ × 6 = 6
13) ☐ × 4 = 8
14) ☐ × 6 = 54
15) ☐ × 3 = 36
16) ☐ × 5 = 15
17) ☐ × 8 = 72
18) ☐ × 1 = 5
19) ☐ × 9 = 90
20) ☐ × 1 = 8
21) ☐ × 4 = 48
22) ☐ × 2 = 20
23) ☐ × 8 = 24
24) ☐ × 5 = 40
25) ☐ × 5 = 15
26) ☐ × 2 = 6
27) ☐ × 5 = 50
28) ☐ × 8 = 72
29) ☐ × 2 = 10
30) ☐ × 11 = 66

Why did the robot start a gardening club? Because it wanted to grow its square roots!

Multiplication Practice

1) 8 × 6
2) 7 × 6
3) 6 × 7
4) 6 × 1
5) 10 × 7
6) 4 × 6
7) 8 × 7
8) 8 × 8
9) 1 × 2
10) 5 × 7
11) 9 × 1
12) 4 × 5
13) 4 × 6
14) 6 × 4
15) 7 × 5
16) 3 × 1
17) 2 × 6
18) 4 × 2
19) 9 × 7
20) 12 × 4
21) 4 × 7
22) 5 × 7
23) 7 × 3
24) 4 × 6
25) 3 × 9
26) 8 × 5
27) 10 × 6
28) 5 × 6
29) 8 × 7
30) 10 × 6

Why did the robot cross the playground?
To reach the other sum!

Multiplication Practice

① 11 × 1 = ② 12 × 2 = ③ 7 × 4 =

④ 6 × 8 = ⑤ 5 × 7 = ⑥ 5 × 3 =

⑦ 5 × 3 = ⑧ 5 × 2 = ⑨ 6 × 9 =

⑩ 7 × 8 = ⑪ 4 × 1 = ⑫ 8 × 5 =

⑬ 5 × 2 = ⑭ 3 × 9 = ⑮ 12 × 5 =

⑯ 1 × 3 = ⑰ 12 × 9 = ⑱ 3 × 6 =

⑲ 9 × 9 = ⑳ 10 × 9 = ㉑ 10 × 1 =

㉒ 3 × 2 = ㉓ 8 × 3 = ㉔ 8 × 5 =

㉕ 2 × 9 = ㉖ 1 × 5 = ㉗ 11 × 1 =

㉘ 1 × 2 = ㉙ 9 × 2 = ㉚ 6 × 1 =

Why do robots never have messy workspaces? Because they know how to calculate the best layout!

Page 70

Multiplication Practice

#		#		#		#		#	
1)	9 × __ = 18	2)	12 × __ = 72	3)	9 × __ = 63	4)	3 × __ = 27	5)	4 × __ = 8
6)	3 × __ = 12	7)	8 × __ = 48	8)	6 × __ = 12	9)	12 × __ = 120	10)	1 × __ = 2
11)	6 × __ = 54	12)	2 × __ = 16	13)	6 × __ = 18	14)	4 × __ = 40	15)	1 × __ = 4
16)	7 × __ = 56	17)	11 × __ = 11	18)	7 × __ = 49	19)	8 × __ = 80	20)	9 × __ = 18
21)	6 × __ = 42	22)	10 × __ = 40	23)	11 × __ = 132	24)	8 × __ = 32	25)	12 × __ = 12
26)	7 × __ = 7	27)	11 × __ = 132	28)	3 × __ = 27	29)	2 × __ = 22	30)	9 × __ = 81

What is the best way to catch a math robot?
Use a number net!

Page 71

Multiplication Practice

① 4 × ☐ = 28   ② 7 × ☐ = 70   ③ 2 × ☐ = 16

④ 1 × ☐ = 1   ⑤ 6 × ☐ = 60   ⑥ 9 × ☐ = 45

⑦ 1 × ☐ = 1   ⑧ 9 × ☐ = 81   ⑨ 6 × ☐ = 54

⑩ 3 × ☐ = 21   ⑪ 10 × ☐ = 10   ⑫ 11 × ☐ = 77

⑬ 7 × ☐ = 42   ⑭ 12 × ☐ = 120   ⑮ 8 × ☐ = 88

⑯ 9 × ☐ = 18   ⑰ 10 ☐ = 90   ⑱ 9 × ☐ = 81

⑲ 8 × ☐ = 80   ⑳ 12 × ☐ = 48   ㉑ 3 × ☐ = 27

㉒ 8 × ☐ = 56   ㉓ 2 × ☐ = 20   ㉔ 3 × ☐ = 6

㉕ 2 × ☐ = 4   ㉖ 4 × ☐ = 44   ㉗ 10 × ☐ = 40

㉘ 11 × ☐ = 121   ㉙ 1 × ☐ − 8   ㉚ 4 × ☐ = 40

**Why do robots hate word problems?
Because they like to stick to the facts!**

Page 72

Multiplication Practice

1) ? × 4 = 24
2) ? × 7 = 63
3) ? × 2 = 16
4) ? × 12 = 84
5) ? × 2 = 16

6) ? × 7 = 56
7) ? × 8 = 48
8) ? × 4 = 12
9) ? × 11 = 55
10) ? × 1 = 10

11) ? × 1 = 4
12) ? × 11 = 121
13) ? × 7 = 35
14) ? × 12 = 72
15) ? × 12 = 72

16) ? × 7 = 21
17) ? × 10 = 90
18) ? × 5 = 5
19) ? × 9 = 90
20) ? × 6 = 12

21) ? × 11 = 33
22) ? × 9 = 72
23) ? × 6 = 54
24) ? × 10 = 110
25) ? × 1 = 11

26) ? × 9 = 72
27) ? × 4 = 12
28) ? × 7 = 84
29) ? × 5 = 55
30) ? × 11 = 66

What did the robot say to the confused calculator?
"Don't worry, just divide and conquer!"

Multiplication Practice

1) ☐ × 1 = 12   2) ☐ × 7 = 42   3) ☐ × 4 = 44

4) ☐ × 9 = 54   5) ☐ × 12 = 108   6) ☐ × 12 = 96

7) ☐ × 12 = 120   8) ☐ × 12 = 84   9) ☐ × 10 = 70

10) ☐ × 11 = 132   11) ☐ × 1 = 1   12) ☐ × 1 = 7

13) ☐ × 1 = 8   14) ☐ × 7 = 56   15) ☐ × 5 = 20

16) ☐ × 7 = 49   17) ☐ × 8 = 96   18) ☐ × 3 = 24

19) ☐ × 5 = 40   20) ☐ × 5 = 10   21) ☐ × 9 = 81

22) ☐ × 8 = 8   23) ☐ × 9 = 81   24) ☐ × 11 = 44

25) ☐ × 9 = 108   26) ☐ × 6 = 60   27) ☐ × 12 = 60

28) ☐ × 12 = 96   29) ☐ × 10 = 120   30) ☐ × 7 = 28

Why do robots never get tired of math? Because they've got infinite energy for equations!

Page 74

Multiplication Practice

1) 8 × 9
2) 4 × 7
3) 7 × 6
4) 10 × 4
5) 10 × 6

6) 6 × 1
7) 9 × 5
8) 5 × 12
9) 2 × 10
10) 11 × 5

11) 10 × 2
12) 12 × 8
13) 2 × 1
14) 5 × 12
15) 4 × 3

16) 4 × 1
17) 9 × 4
18) 3 × 12
19) 10 × 4
20) 5 × 6

21) 3 × 7
22) 5 × 7
23) 2 × 6
24) 2 × 1
25) 3 × 8

26) 2 × 3
27) 3 × 2
28) 1 × 4
29) 1 × 3
30) 8 × 11

How do robots make decisions in math class?
They calculate all the possibilities!

Page 75

Multiplication Practice

1) 7 × 4 = ☐   2) 1 × 12 = ☐   3) 1 × 10 = ☐

4) 9 × 11 = ☐   5) 4 × 9 = ☐   6) 1 × 8 = ☐

7) 6 × 7 = ☐   8) 9 × 9 = ☐   9) 9 × 6 = ☐

10) 11 × 8 = ☐   11) 6 × 6 = ☐   12) 8 × 9 = ☐

13) 9 × 9 = ☐   14) 9 × 1 = ☐   15) 1 × 3 = ☐

16) 11 × 6 = ☐   17) 1 × 2 = ☐   18) 12 × 12 = ☐

19) 11 × 1 = ☐   20) 2 × 5 = ☐   21) 5 × 7 = ☐

22) 12 × 1 = ☐   23) 2 × 7 = ☐   24) 2 × 9 = ☐

25) 5 × 9 = ☐   26) 8 × 11 = ☐   27) 5 × 1 = ☐

28) 11 × 12 = ☐   29) 12 × 9 = ☐   30) 6 × 6 = ☐

**Why did the robot fail math class?
Because it kept short-circuiting over long division!**

Page 76

Multiplication Practice

1) 8 × __ = 40
2) 7 × __ = 70
3) 7 × __ = 42
4) 11 × __ = 132
5) 2 × __ = 8

6) 7 × __ = 28
7) 6 × __ = 72
8) 4 × __ = 44
9) 7 × __ = 63
10) 9 × __ = 63

11) 5 × __ = 30
12) 5 × __ = 10
13) 2 × __ = 22
14) 7 × __ = 28
15) 5 × __ = 35

16) 7 × __ = 42
17) 6 × __ = 18
18) 9 × __ = 18
19) 11 × __ = 132
20) 1 × __ = 12

21) 6 × __ = 66
22) 9 × __ = 45
23) 4 × __ = 40
24) 3 × __ = 9
25) 5 × __ = 40

26) 8 × __ = 24
27) 6 × __ = 42
28) 10 × __ = 40
29) 12 × __ = 120
30) 6 × __ = 48

What's a robot's favorite type of math?
Alge-bots!

Page 77

Multiplication Practice

1) 5 × ☐ = 50   2) 9 × ☐ = 27   3) 3 × ☐ = 9

4) 11 × ☐ = 33   5) 5 × ☐ = 60   6) 9 × ☐ = 18

7) 8 × ☐ = 96   8) 12 × ☐ = 36   9) 2 × ☐ = 24

10) 3 × ☐ = 33   11) 5 × ☐ = 5   12) 6 × ☐ = 72

13) 12 × ☐ = 48   14) 7 × ☐ = 14   15) 11 × ☐ = 11

16) 8 × ☐ = 16   17) 3 × ☐ = 6   18) 8 × ☐ = 96

19) 10 × ☐ = 100   20) 4 × ☐ = 4   21) 8 × ☐ = 40

22) 10 × ☐ = 60   23) 10 × ☐ = 120   24) 2 × ☐ = 8

25) 4 × ☐ = 36   26) 11 × ☐ = 66   27) 4 × ☐ = 12

28) 11 × ☐ = 55   29) 10 × ☐ − 120   30) 2 × ☐ = 14

**Why did the robot refuse to do fractions?
It couldn't find its common denominator!**

Page 78

Multiplication Practice

#	×	=	#	×	=	#	×	=	#	×	=	#	×	=
1	× 1	11	2	× 11	110	3	× 5	5	4	× 4	20	5	× 4	24
6	× 9	81	7	× 6	24	8	× 11	99	9	× 4	32	10	× 5	45
11	× 4	16	12	× 5	35	13	× 11	77	14	× 1	7	15	× 2	2
16	× 10	10	17	× 1	5	18	× 1	3	19	× 3	24	20	× 8	32
21	× 5	50	22	× 3	12	23	× 10	50	24	× 2	22	25	× 5	40
26	× 3	6	27	× 6	24	28	× 9	54	29	× 5	30	30	× 7	35

How does a robot calculate a tip?
It multiplies, no questions asked – it's programmed for exact change!

Multiplication Practice

1) ___ × 10 = 100   2) ___ × 5 = 55   3) ___ × 12 = 96

4) ___ × 1 = 2   5) ___ × 11 = 22   6) ___ × 5 = 5

7) ___ × 11 = 55   8) ___ × 5 = 55   9) ___ × 4 = 36

10) ___ × 4 = 8   11) ___ × 8 = 8   12) ___ × 9 = 99

13) ___ × 5 = 45   14) ___ × 2 = 16   15) ___ × 12 = 48

16) ___ × 8 = 64   17) ___ × 4 = 32   18) ___ × 5 = 30

19) ___ × 8 = 48   20) ___ × 7 = 56   21) ___ × 11 = 22

22) ___ × 12 = 144 23) ___ × 1 = 4   24) ___ × 4 = 24

25) ___ × 3 = 30   26) ___ × 8 = 72   27) ___ × 9 = 108

28) ___ × 7 = 84   29) ___ × 3 = 12   30) ___ × 3 = 9

Why do robots love geometry?
Because they like to shape up their circuits!

Multiplication Practice

① 3 × 1   ② 2 × 5   ③ 12 × 4   ④ 10 × 1   ⑤ 10 × 5

⑥ 8 × 6   ⑦ 3 × 2   ⑧ 7 × 2   ⑨ 10 × 7   ⑩ 12 × 2

⑪ 9 × 3   ⑫ 4 × 2   ⑬ 1 × 9   ⑭ 11 × 6   ⑮ 2 × 9

⑯ 1 × 1   ⑰ 1 × 6   ⑱ 1 × 1   ⑲ 10 × 5   ⑳ 7 × 9

㉑ 10 × 4   ㉒ 12 × 8   ㉓ 5 × 3   ㉔ 4 × 7   ㉕ 11 × 6

㉖ 10 × 5   ㉗ 12 × 2   ㉘ 10 × 7   ㉙ 9 × 3   ㉚ 6 × 3

Why did the robot become a mathematician?
Because it always knew how to solve for "X"!

Page 81

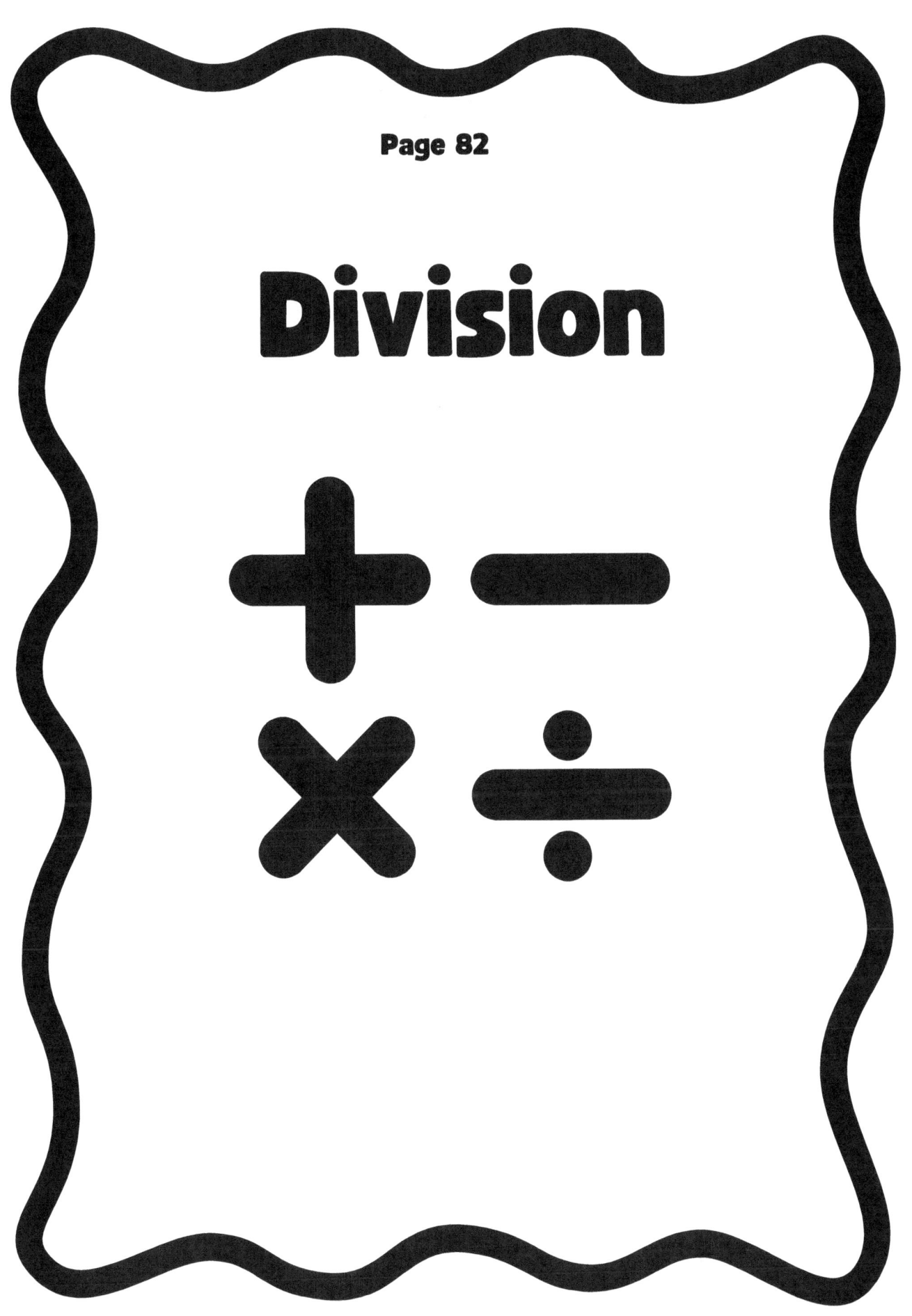

Division Practice

1) 5 ÷ 5
2) 22 ÷ 11
3) 14 ÷ 14
4) 25 ÷ 5
5) 24 ÷ 12

6) 33 ÷ 3
7) 15 ÷ 15
8) 8 ÷ 8
9) 27 ÷ 9
10) 3 ÷ 3

11) 49 ÷ 7
12) 10 ÷ 5
13) 4 ÷ 4
14) 33 ÷ 11
15) 14 ÷ 7

16) 35 ÷ 7
17) 33 ÷ 11
18) 45 ÷ 15
19) 40 ÷ 8
20) 13 ÷ 13

21) 18 ÷ 3
22) 32 ÷ 4
23) 15 ÷ 3
24) 44 ÷ 11
25) 16 ÷ 4

26) 28 ÷ 4
27) 20 ÷ 4
28) 40 ÷ 10
29) 4 ÷ 4
30) 6 ÷ 3

**What's a robot's favorite math operation?
Addition – it loves to sum things up!**

Division Practice

① 12 ÷ 4 =   ② 20 ÷ 10 =   ③ 36 ÷ 3 =

④ 49 ÷ 7 =   ⑤ 68 ÷ 4 =   ⑥ 75 ÷ 5 =

⑦ 7 ÷ 7 =   ⑧ 75 ÷ 5 =   ⑨ 30 ÷ 6 =

⑩ 36 ÷ 2 =   ⑪ 10 ÷ 5 =   ⑫ 56 ÷ 2 =

⑬ 26 ÷ 2 =   ⑭ 77 ÷ 7 =   ⑮ 75 ÷ 5 =

⑯ 45 ÷ 3 =   ⑰ 51 ÷ 3 =   ⑱ 48 ÷ 6 =

⑲ 72 ÷ 9 =   ⑳ 51 ÷ 3 =   ㉑ 20 ÷ 10 =

㉒ 54 ÷ 2 =   ㉓ 49 ÷ 7 =   ㉔ 6 ÷ 2 =

㉕ 26 ÷ 2 =   ㉖ 46 ÷ 2 =   ㉗ 76 ÷ 4 =

㉘ 8 ÷ 2 =   ㉙ 48 ÷ 8 =   ㉚ 46 ÷ 2 =

Why did the robot take a nap during geometry class?
It was stuck in a "square" loop!

Division Practice

1) 75 ÷ 25
2) 87 ÷ 29
3) 45 ÷ 15
4) 58 ÷ 29
5) 44 ÷ 22
6) 58 ÷ 29
7) 80 ÷ 10
8) 34 ÷ 17
9) 15 ÷ 3
10) 3 ÷ 1
11) 38 ÷ 19
12) 16 ÷ 8
13) 10 ÷ 5
14) 76 ÷ 38
15) 35 ÷ 5
16) 34 ÷ 17
17) 74 ÷ 37
18) 77 ÷ 11
19) 18 ÷ 9
20) 24 ÷ 3
21) 5 ÷ 1
22) 39 ÷ 13
23) 57 ÷ 19
24) 45 ÷ 15
25) 32 ÷ 16
26) 3 ÷ 1
27) 15 ÷ 5
28) 88 ÷ 22
29) 87 ÷ 29
30) 76 ÷ 19

How do robots solve word problems? They use "algorithms" to calculate the answers!

Division Practice

① 14 ÷ ___ = 2   ② 77 ÷ ___ = 11   ③ 4 ÷ ___ = 2

④ 38 ÷ ___ = 19   ⑤ 26 ÷ ___ = 13   ⑥ 51 ÷ ___ = 17

⑦ 86 ÷ ___ = 43   ⑧ 57 ÷ ___ = 19   ⑨ 54 ÷ ___ = 18

⑩ 48 ÷ ___ = 24   ⑪ 58 ÷ ___ = 29   ⑫ 64 ÷ ___ = 16

⑬ 86 ÷ ___ = 43   ⑭ 32 ÷ ___ = 4   ⑮ 33 ÷ ___ = 11

⑯ 70 ÷ ___ = 14   ⑰ 80 ÷ ___ = 10   ⑱ 54 ÷ ___ = 27

⑲ 22 ÷ ___ = 11   ⑳ 35 ÷ ___ = 5   ㉑ 22 ÷ ___ = 11

㉒ 36 ÷ ___ = 6   ㉓ 3 ÷ ___ = 1   ㉔ 9 ÷ ___ = 3

㉕ 74 ÷ ___ = 37   ㉖ 7 ÷ ___ = 1   ㉗ 60 ÷ ___ = 10

㉘ 16 ÷ ___ = 4   ㉙ 68 ÷ ___ = 34   ㉚ 45 ÷ ___ = 9

What do you call a robot that loves subtraction?
A "minus machine"!

Page 86

Division Practice

1) ÷ 9 / 9	2) ÷ 2 / 11	3) ÷ 3 / 1	4) ÷ 7 / 7	5) ÷ 10 / 9
6) ÷ 2 / 36	7) ÷ 5 / 18	8) ÷ 4 / 7	9) ÷ 9 / 3	10) ÷ 6 / 13
11) ÷ 2 / 38	12) ÷ 5 / 3	13) ÷ 3 / 7	14) ÷ 4 / 16	15) ÷ 5 / 17
16) ÷ 5 / 5	17) ÷ 2 / 17	18) ÷ 2 / 14	19) ÷ 5 / 5	20) ÷ 4 / 17
21) ÷ 7 / 5	22) ÷ 2 / 2	23) ÷ 9 / 9	24) ÷ 5 / 1	25) ÷ 2 / 4
26) ÷ 4 / 11	27) ÷ 2 / 22	28) ÷ 3 / 2	29) ÷ 2 / 20	30) ÷ 3 / 3

Why do robots never get tired of solving equations?
Because they have infinite energy!

Page 87

Division Practice

1) ÷ 7 / 1
2) ÷ 2 / 37
3) ÷ 2 / 29
4) ÷ 2 / 25
5) ÷ 4 / 11

6) ÷ 4 / 19
7) ÷ 3 / 15
8) ÷ 2 / 1
9) ÷ 9 / 1
10) ÷ 2 / 28

11) ÷ 5 / 15
12) ÷ 5 / 14
13) ÷ 3 / 10
14) ÷ 4 / 19
15) ÷ 3 / 29

16) ÷ 2 / 11
17) ÷ 7 / 7
18) ÷ 7 / 7
19) ÷ 2 / 23
20) ÷ 7 / 1

21) ÷ 3 / 29
22) ÷ 3 / 29
23) ÷ 5 / 1
24) ÷ 2 / 1
25) ÷ 4 / 8

26) ÷ 4 / 11
27) ÷ 2 / 37
28) ÷ 5 / 8
29) ÷ 2 / 11
30) ÷ 5 / 11

What did the robot say to the equation that couldn't be solved?
"Don't worry, I'm programmed to handle complex problems!"

Division Practice

1) 6 ÷ 2 = ☐   2) 55 ÷ 11 = ☐   3) 7 ÷ 7 = ☐

4) 55 ÷ 11 = ☐   5) 22 ÷ 2 = ☐   6) 40 ÷ 2 = ☐

7) 52 ÷ 4 = ☐   8) 4 ÷ 2 = ☐   9) 20 ÷ 4 = ☐

10) 65 ÷ 5 = ☐   11) 26 ÷ 2 = ☐   12) 50 ÷ 10 = ☐

13) 40 ÷ 2 = ☐   14) 21 ÷ 7 = ☐   15) 82 ÷ 2 = ☐

16) 34 ÷ 2 = ☐   17) 18 ÷ 6 = ☐   18) 69 ÷ 3 = ☐

19) 3 ÷ 3 = ☐   20) 86 ÷ 2 = ☐   21) 40 ÷ 5 = ☐

22) 62 ÷ 2 = ☐   23) 63 ÷ 7 = ☐   24) 7 ÷ 7 = ☐

25) 36 ÷ 3 = ☐   26) 70 ÷ 10 = ☐   27) 27 ÷ 9 = ☐

28) 86 ÷ 2 = ☐   29) 52 ÷ 4 = ☐   30) 52 ÷ 2 = ☐

**Why did the robot excel in algebra?
It had a lot of experience with "variables" in its circuits.**

Page 89

Division Practice

1) 58 ÷ 2
2) 68 ÷ 2
3) 66 ÷ 2
4) 42 ÷ 3
5) 62 ÷ 2

6) 18 ÷ 6
7) 77 ÷ 11
8) 50 ÷ 2
9) 56 ÷ 8
10) 20 ÷ 4

11) 68 ÷ 4
12) 18 ÷ 9
13) 6 ÷ 3
14) 78 ÷ 2
15) 63 ÷ 3

16) 63 ÷ 9
17) 33 ÷ 11
18) 4 ÷ 4
19) 15 ÷ 3
20) 44 ÷ 4

21) 22 ÷ 2
22) 58 ÷ 2
23) 78 ÷ 3
24) 66 ÷ 3
25) 75 ÷ 3

26) 6 ÷ 6
27) 58 ÷ 2
28) 60 ÷ 10
29) 49 ÷ 7
30) 7 ÷ 7

**What's a robot's favorite shape in math?
A rhombus – it just sounds robotic!**

Division Practice

1) 55 ÷ ☐ = 5 2) 99 ÷ ☐ = 9 3) 35 ÷ ☐ = 5

4) 39 ÷ ☐ = 13 5) 12 ÷ ☐ = 6 6) 30 ÷ ☐ = 3

7) 40 ÷ ☐ = 10 8) 63 ÷ ☐ = 9 9) 4 ÷ ☐ = 2

10) 55 ÷ ☐ = 11 11) 3 ÷ ☐ = 1 12) 20 ÷ ☐ = 5

13) 92 ÷ ☐ = 46 14) 81 ÷ ☐ = 27 15) 8 ÷ ☐ = 4

16) 51 ÷ ☐ = 17 17) 99 ÷ ☐ = 11 18) 63 ÷ ☐ = 9

19) 98 ÷ ☐ = 14 20) 72 ÷ ☐ = 8 21) 51 ÷ ☐ = 17

22) 16 ÷ ☐ = 4 23) 21 ÷ ☐ = 3 24) 87 ÷ ☐ = 29

25) 51 ÷ ☐ = 17 26) 26 ÷ ☐ = 13 27) 22 ÷ ☐ = 11

28) 3 ÷ ☐ = 1 29) 55 ÷ ☐ = 11 30) 91 ÷ ☐ = 13

How does a robot check its answers in math class?
It always runs a recalculation protocol!

Division Practice

1) 93 ÷ 31	2) 56 ÷ 28	3) 32 ÷ 8	4) 51 ÷ 17	5) 93 ÷ 93
6) 4 ÷ 4	7) 33 ÷ 3	8) 7 ÷ 1	9) 5 ÷ 1	10) 41 ÷ 41
11) 2 ÷ 2	12) 46 ÷ 46	13) 73 ÷ 73	14) 70 ÷ 7	15) 73 ÷ 73
16) 91 ÷ 91	17) 64 ÷ 32	18) 89 ÷ 89	19) 96 ÷ 24	20) 85 ÷ 17
21) 57 ÷ 19	22) 30 ÷ 6	23) 95 ÷ 95	24) 13 ÷ 13	25) 78 ÷ 39
26) 35 ÷ 7	27) 28 ÷ 7	28) 12 ÷ 1	29) 4 ÷ 3	30) 84 ÷ 84

**What do robots use to measure time?
Algorithm-ic clocks – they always calculate perfectly!**

Division Practice

1) [ ] ÷ 11 = 6   2) [ ] ÷ 5 = 1   3) [ ] ÷ 2 = 11

4) [ ] ÷ 3 = 17   5) [ ] ÷ 7 = 8   6) [ ] ÷ 4 = 13

7) [ ] ÷ 11 = 2   8) [ ] ÷ 4 = 23   9) [ ] ÷ 5 = 13

10) [ ] ÷ 3 = 23   11) [ ] ÷ 3 = 17   12) [ ] ÷ 6 = 4

13) [ ] ÷ 7 = 1   14) [ ] ÷ 8 = 2   15) [ ] ÷ 2 = 41

16) [ ] ÷ 3 = 21   17) [ ] ÷ 3 = 29   18) [ ] ÷ 11 = 1

19) [ ] ÷ 5 = 13   20) [ ] ÷ 4 = 4   21) [ ] ÷ 4 = 17

22) [ ] ÷ 2 = 33   23) [ ] ÷ 2 = 16   24) [ ] ÷ 11 = 1

25) [ ] ÷ 2 = 20   26) [ ] ÷ 2 = 37   27) [ ] ÷ 10 = 7

28) [ ] ÷ 11 = 5   29) [ ] ÷ 2 = 19   30) [ ] ÷ 5 = 4

**Why did the robot avoid doing decimals?
It didn't want to go into overdrive with all the point work!**

Page 93

Division Practice

1) 90 ÷ 6 = ☐
2) 20 ÷ 4 = ☐
3) 77 ÷ 7 = ☐
4) 80 ÷ 2 = ☐
5) 87 ÷ 3 = ☐
6) 64 ÷ 8 = ☐
7) 65 ÷ 5 = ☐
8) 9 ÷ 3 = ☐
9) 60 ÷ 5 = ☐
10) 55 ÷ 11 = ☐
11) 62 ÷ 2 = ☐
12) 40 ÷ 4 = ☐
13) 84 ÷ 3 = ☐
14) 64 ÷ 2 = ☐
15) 6 ÷ 6 = ☐
16) 26 ÷ 2 = ☐
17) 52 ÷ 4 = ☐
18) 49 ÷ 7 = ☐
19) 99 ÷ 11 = ☐
20) 26 ÷ 2 = ☐
21) 2 ÷ 2 = ☐
22) 63 ÷ 7 = ☐
23) 7 ÷ 7 = ☐
24) 4 ÷ 2 = ☐
25) 76 ÷ 4 = ☐
26) 77 ÷ 11 = ☐
27) 65 ÷ 5 = ☐
28) 36 ÷ 6 = ☐
29) 33 ÷ 11 = ☐
30) 88 ÷ 2 = ☐

What's a robot's least favorite number?
Zero – it makes everything shut down!

Division Practice

① 45 ÷ 3 = ☐   ② 48 ÷ 12 = ☐   ③ 88 ÷ 8 = ☐

④ 3 ÷ 3 = ☐   ⑤ 98 ÷ 7 = ☐   ⑥ 11 ÷ 11 = ☐

⑦ 9 ÷ 3 = ☐   ⑧ 75 ÷ 3 = ☐   ⑨ 63 ÷ 7 = ☐

⑩ 70 ÷ 5 = ☐   ⑪ 86 ÷ 2 = ☐   ⑫ 90 ÷ 10 = ☐

⑬ 35 ÷ 7 = ☐   ⑭ 5 ÷ 5 = ☐   ⑮ 45 ÷ 3 = ☐

⑯ 50　 2 = ☐   ⑰ 62 ÷ 2 = ☐   ⑱ 96 ÷ 12 = ☐

⑲ 5 ÷ 5 = ☐   ⑳ 87 ÷ 3 = ☐   ㉑ 92 ÷ 2 = ☐

㉒ 56 ÷ 8 = ☐   ㉓ 93 ÷ 3 = ☐   ㉔ 32 ÷ 2 = ☐

㉕ 12 ÷ 4 = ☐   ㉖ 25 ÷ 5 = ☐   ㉗ 65 ÷ 5 = ☐

㉘ 22 ÷ 11 = ☐   ㉙ 34 ÷ 2 = ☐   ㉚ 81 ÷ 9 = ☐

How did the robot solve the tricky math problem? It just debugged the equation!

Division Practice

1) 82 ÷ ☐ = 41
2) 35 ÷ ☐ = 7
3) 10 ÷ ☐ = 5
4) 57 ÷ ☐ = 19
5) 44 ÷ ☐ = 22

6) 21 ÷ ☐ = 7
7) 15 ÷ ☐ = 3
8) 93 ÷ ☐ = 31
9) 2 ÷ ☐ = 1
10) 54 ÷ ☐ = 27

11) 45 ÷ ☐ = 9
12) 24 ÷ ☐ = 8
13) 39 ÷ ☐ = 13
14) 40 ÷ ☐ = 10
15) 4 ÷ ☐ = 1

16) 72 ÷ ☐ = 24
17) 87 ÷ ☐ = 29
18) 11 ÷ ☐ = 1
19) 32 ÷ ☐ = 16
20) 54 ÷ ☐ = 18

21) 20 ÷ ☐ = 10
22) 35 ÷ ☐ = 7
23) 22 ÷ ☐ = 2
24) 3 ÷ ☐ = 1
25) 52 ÷ ☐ = 26

26) 72 ÷ ☐ = 6
27) 90 ÷ ☐ = 10
28) 50 ÷ ☐ = 5
29) 63 ÷ ☐ = 9
30) 42 ÷ ☐ = 14

**Why do robots never make mistakes in math?
Because they always follow the prime directive!**

Page 96

Division Practice

1) 8 ÷ ☐ = 1   2) 18 ÷ ☐ = 3   3) 74 ÷ ☐ = 37

4) 96 ÷ ☐ = 12   5) 24 ÷ ☐ = 6   6) 46 ÷ ☐ = 23

7) 65 ÷ ☐ = 13   8) 54 ÷ ☐ = 6   9) 69 ÷ ☐ = 23

10) 24 ÷ ☐ = 6   11) 11 ÷ ☐ = 1   12) 4 ÷ ☐ = 2

13) 78 ÷ ☐ = 26   14) 56 ÷ ☐ = 14   15) 50 ÷ ☐ = 10

16) 92 ÷ ☐ = 23   17) 2 ÷ ☐ = 1   18) 32 ÷ ☐ = 16

19) 28 ÷ ☐ = 7   20) 91 ÷ ☐ = 13   21) 66 ÷ ☐ = 33

22) 93 ÷ ☐   31   23) 14 ÷ ☐ = 2   24) 49 ÷ ☐ = 7

25) 78 ÷ ☐ = 26   26) 65 ÷ ☐ = 13   27) 27 ÷ ☐ = 3

28) 62   ☐ = 31   29) 90 ÷ ☐ = 9   30) 45 ÷ ☐ = 5

What's a robot's favorite part of calculus?
Integration – it brings everything together!

Division Practice

1) ☐ ÷ 10 = 2
2) ☐ ÷ 7 = 1
3) ☐ ÷ 3 = 29
4) ☐ ÷ 7 = 12
5) ☐ ÷ 7 = 5

6) ☐ ÷ 2 = 13
7) ☐ ÷ 9 = 2
8) ☐ ÷ 7 = 2
9) ☐ ÷ 3 = 11
10) ☐ ÷ 3 = 11

11) ☐ ÷ 8 = 3
12) ☐ ÷ 3 = 7
13) ☐ ÷ 7 = 7
14) ☐ ÷ 5 = 7
15) ☐ ÷ 2 = 46

16) ☐ ÷ 7 = 2
17) ☐ ÷ 3 = 26
18) ☐ ÷ 3 = 19
19) ☐ ÷ 9 = 8
20) ☐ ÷ 2 = 49

21) ☐ ÷ 2 = 37
22) ☐ ÷ 11 = 2
23) ☐ ÷ 12 = 6
24) ☐ ÷ 2 = 23
25) ☐ ÷ 2 = 37

26) ☐ ÷ 5 = 2
27) ☐ ÷ 2 = 43
28) ☐ ÷ 3 = 3
29) ☐ ÷ 10 = 4
30) ☐ ÷ 3 = 28

Why did the robot ace its math test?
It was programmed to calculate every possibility!

Page 98

Division Practice

1) ☐ ÷ 2 = 13   2) ☐ ÷ 5 = 1   3) ☐ ÷ 6 = 3

4) ☐ ÷ 8 = 2   5) ☐ ÷ 5 = 3   6) ☐ ÷ 3 = 17

7) ☐ ÷ 2 = 46   8) ☐ ÷ 5 = 13   9) ☐ ÷ 3 = 33

10) ☐ ÷ 3 = 4   11) ☐ ÷ 3 = 11   12) ☐ ÷ 4 = 20

13) ☐ ÷ 3 = 29   14) ☐ ÷ 11 = 8   15) ☐ ÷ 12 = 1

16) ☐ ÷ 2 = 45   17) ☐ ÷ 2 = 47   18) ☐ ÷ 3 = 5

19) ☐ ÷ 2 = 49   20) ☐ ÷ 2 = 13   21) ☐ ÷ 3 = 5

22) ☐ ÷ 7 = 14   23) ☐ ÷ 2 - 36   24) ☐ ÷ 3 = 17

25) ☐ ÷ 6 = 13   26) ☐ ÷ 2 = 17   27) ☐ ÷ 2 = 14

28) ☐ ÷ 4 = 19   29) ☐ ÷ 4 = 23   30) ☐ ÷ 2 = 28

How do robots handle multiplication problems?
They do it mechanically - no sweat!

Division Practice

1) 26 ÷ 2	2) 4 ÷ 2	3) 7 ÷ 7	4) 82 ÷ 2	5) 39 ÷ 3
6) 88 ÷ 8	7) 26 ÷ 2	8) 49 ÷ 7	9) 65 ÷ 5	10) 11 ÷ 11
11) 46 ÷ 2	12) 39 ÷ 3	13) 76 ÷ 4	14) 69 ÷ 3	15) 21 ÷ 7
16) 65 ÷ 5	17) 57 ÷ 3	18) 44 ÷ 2	19) 18 ÷ 9	20) 45 ÷ 9
21) 70 ÷ 2	22) 50 ÷ 2	23) 36 ÷ 12	24) 39 ÷ 3	25) 60 ÷ 4
26) 54 ÷ 3	27) 11 ÷ 11	28) 10 ÷ 5	29) 78 ÷ 3	30) 98 ÷ 7

What do you get when you cross a robot and a mathematician?
A machine that can calculate puns and solve for fun!

Division Practice

1) 35 ÷ 5 = ☐
2) 70 ÷ 7 = ☐
3) 98 ÷ 7 = ☐
4) 45 ÷ 3 = ☐
5) 64 ÷ 2 = ☐
6) 86 ÷ 2 = ☐
7) 14 ÷ 2 = ☐
8) 66 ÷ 11 = ☐
9) 36 ÷ 9 = ☐
10) 50 ÷ 2 = ☐
11) 72 ÷ 3 = ☐
12) 58 ÷ 2 = ☐
13) 7 ÷ 7 = ☐
14) 94 ÷ 2 = ☐
15) 8 ÷ 4 = ☐
16) 30 ÷ 2 = ☐
17) 7 ÷ 7 = ☐
18) 33 ÷ 3 = ☐
19) 68 ÷ 2 = ☐
20) 66 ÷ 3 = ☐
21) 27 ÷ 3 = ☐
22) 76 ÷ 4 = ☐
23) 11 ÷ 11 = ☐
24) 36 ÷ 12 = ☐
25) 14 ÷ 2 = ☐
26) 40 ÷ 2 = ☐
27) 82 ÷ 2 = ☐
28) 66 ÷ 2 = ☐
29) 39 ÷ 3 = ☐
30) 10 ÷ 5 = ☐

Why did the robot fail at estimating? Because it always tried to be too precise!

Division Practice

1) 37 ÷ ☐ = 37
2) 41 ÷ ☐ = 41
3) 7 ÷ ☐ = 1
4) 5 ÷ ☐ = 5
5) 83 ÷ ☐ = 83

6) 96 ÷ ☐ = 8
7) 40 ÷ ☐ = 5
8) 72 ÷ ☐ = 24
9) 40 ÷ ☐ = 4
10) 5 ÷ ☐ = 5

11) 6 ÷ ☐ = 2
12) 35 ÷ ☐ = 5
13) 74 ÷ ☐ = 37
14) 10 ÷ ☐ = 10
15) 96 ÷ ☐ = 8

16) 85 ÷ ☐ = 85
17) 29 ÷ ☐ = 29
18) 67 ÷ ☐ = 67
19) 62 ÷ ☐ = 62
20) 10 ÷ ☐ = 10

21) 40 ÷ ☐ = 8
22) 70 ÷ ☐ = 35
23) 15 ÷ ☐ = 15
24) 56 ÷ ☐ = 7
25) 30 ÷ ☐ = 5

26) 58 ÷ ☐ = 58
27) 27 ÷ ☐ = 3
28) 23 ÷ ☐ = 23
29) 50 ÷ ☐ = 10
30) 84 ÷ ☐ = 28

What do you call a robot's favorite math teacher?
Professor Binary – they understand each other perfectly!

Division Practice

1) ☐ ÷ 5 = 10   2) ☐ ÷ 11 = 1   3) ☐ ÷ 9 = 6

4) ☐ ÷ 3 = 19   5) ☐ ÷ 11 = 9   6) ☐ ÷ 5 = 7

7) ☐ ÷ 7 = 1   8) ☐ ÷ 5 = 10   9) ☐ ÷ 7 = 7

10) ☐ ÷ 3 = 29   11) ☐ ÷ 12 = 5   12) ☐ ÷ 3 = 24

13) ☐ ÷ 3 = 29   14) ☐ ÷ 2 = 32   15) ☐ ÷ 4 = 17

16) ☐ ÷ 4 = 9   17) ☐ ÷ 5 = 17   18) ☐ ÷ 7 = 7

19) ☐ ÷ 2 = 1   20) ☐ ÷ 3 = 17   21) ☐ ÷ 5 = 1

22) ☐ ÷ 11 = 9   23) ☐ ÷ 7 = 12   24) ☐ ÷ 11 = 1

25) ☐ ÷ 7 = 4   26) ☐ ÷ 7 = 13   27) ☐ ÷ 2 = 47

28) ☐ ÷ 7 = 6   29) ☐ ÷ 5 = 5   30) ☐ ÷ 2 = 41

How do robots multiply large numbers?
With extra RAM!

Page 103

Division Practice

1) ÷ 2 / 19	2) ÷ 2 / 15	3) ÷ 4 / 2	4) ÷ 3 / 11	5) ÷ 2 / 33
6) ÷ 6 / 7	7) ÷ 7 / 14	8) ÷ 9 / 9	9) ÷ 2 / 7	10) ÷ 3 / 1
11) ÷ 2 / 48	12) ÷ 2 / 19	13) ÷ 9 / 3	14) ÷ 4 / 19	15) ÷ 7 / 4
16) ÷ 3 / 12	17) ÷ 10 / 6	18) ÷ 4 / 11	19) ÷ 3 / 26	20) ÷ 2 / 22
21) ÷ 5 / 4	22) ÷ 2 / 27	23) ÷ 6 / 9	24) ÷ 3 / 23	25) ÷ 2 / 11
26) ÷ 5 / 3	27) ÷ 3 / 7	28) ÷ 2 / 7	29) ÷ 2 / 47	30) ÷ 3 / 9

Why did the robot cross the playground?
To reach the other sum!

Page 104

Division Practice

1) 7 ÷ 7
2) 69 ÷ 3
3) 70 ÷ 7
4) 56 ÷ 7
5) 3 ÷ 3

6) 44 ÷ 11
7) 60 ÷ 12
8) 70 ÷ 5
9) 7 ÷ 7
10) 33 ÷ 3

11) 87 ÷ 3
12) 49 ÷ 7
13) 66 ÷ 11
14) 46 ÷ 2
15) 35 ÷ 5

16) 81 ÷ 3
17) 20 ÷ 5
18) 21 ÷ 7
19) 54 ÷ 3
20) 25 ÷ 5

21) 20 ÷ 5
22) 98 ÷ 2
23) 3 ÷ 3
24) 40 ÷ 8
25) 88 ÷ 11

26) 12 ÷ 4
27) 32 ÷ 4
28) 87 ÷ 3
29) 81 ÷ 9
30) 91 ÷ 7

Why did the robot bring a calculator to the party?
It wanted to keep things calculated and under control!

Division Practice

(1) 81 ÷ 9 = ☐   (2) 40 ÷ 5 = ☐   (3) 16 ÷ 8 = ☐

(4) 49 ÷ 7 = ☐   (5) 92 ÷ 2 = ☐   (6) 2 ÷ 2 = ☐

(7) 99 ÷ 9 = ☐   (8) 35 ÷ 5 = ☐   (9) 98 ÷ 2 = ☐

(10) 8 ÷ 4 = ☐   (11) 26 ÷ 2 = ☐   (12) 34 ÷ 2 = ☐

(13) 64 ÷ 4 = ☐   (14) 58 ÷ 2 = ☐   (15) 85 ÷ 5 = ☐

(16) 44 ÷ 2 = ☐   (17) 38 ÷ 2 = ☐   (18) 16 ÷ 2 = ☐

(19) 62 ÷ 2 = ☐   (20) 55 ÷ 5 = ☐   (21) 7 ÷ 7 = ☐

(22) 76 ÷ 2 = ☐   (23) 51 ÷ 3 = ☐   (24) 3 ÷ 3 = ☐

(25) 30 ÷ 5 = ☐   (26) 42 ÷ 7 = ☐   (27) 74 ÷ 2 = ☐

(28) 45 ÷ 5 = ☐   (29) 36 ÷ 6 = ☐   (30) 87 ÷ 3 = ☐

**What's a robot's favorite type of graph?
A line plot - it keeps everything in straight order, just like its circuits!**

Division Practice

(1) 64 ÷ ☐ = 32   (2) 6 ÷ ☐ = 3   (3) 96 ÷ ☐ = 32

(4) 72 ÷ ☐ = 12   (5) 86 ÷ ☐ = 43   (6) 70 ÷ ☐ = 7

(7) 11 ÷ ☐ = 1   (8) 75 ÷ ☐ = 25   (9) 96 ÷ ☐ = 12

(10) 81 ÷ ☐ = 9   (11) 24 ÷ ☐ = 8   (12) 76 ÷ ☐ = 19

(13) 65 ÷ ☐ = 13   (14) 63 ÷ ☐ = 21   (15) 9 ÷ ☐ = 1

(16) 70 ÷ ☐ = 35   (17) 77 ÷ ☐ = 7   (18) 65 ÷ ☐ = 13

(19) 77 ÷ ☐ = 11   (20) 3 ÷ ☐ = 1   (21) 30 ÷ ☐ = 6

(22) 92 ÷ ☐ = 46   (23) 95 ÷ ☐ = 19   (24) 56 ÷ ☐ = 8

(25) 96 ÷ ☐ = 8   (26) 51 ÷ ☐ = 17   (27) 91 ÷ ☐ = 13

(28) 96 ÷ ☐ = 16   (29) 2 ÷ ☐ = 1   (30) 70 ÷ ☐ = 35

What's a robot's favorite type of angle?
A right angle – it's always correct!

Page 107

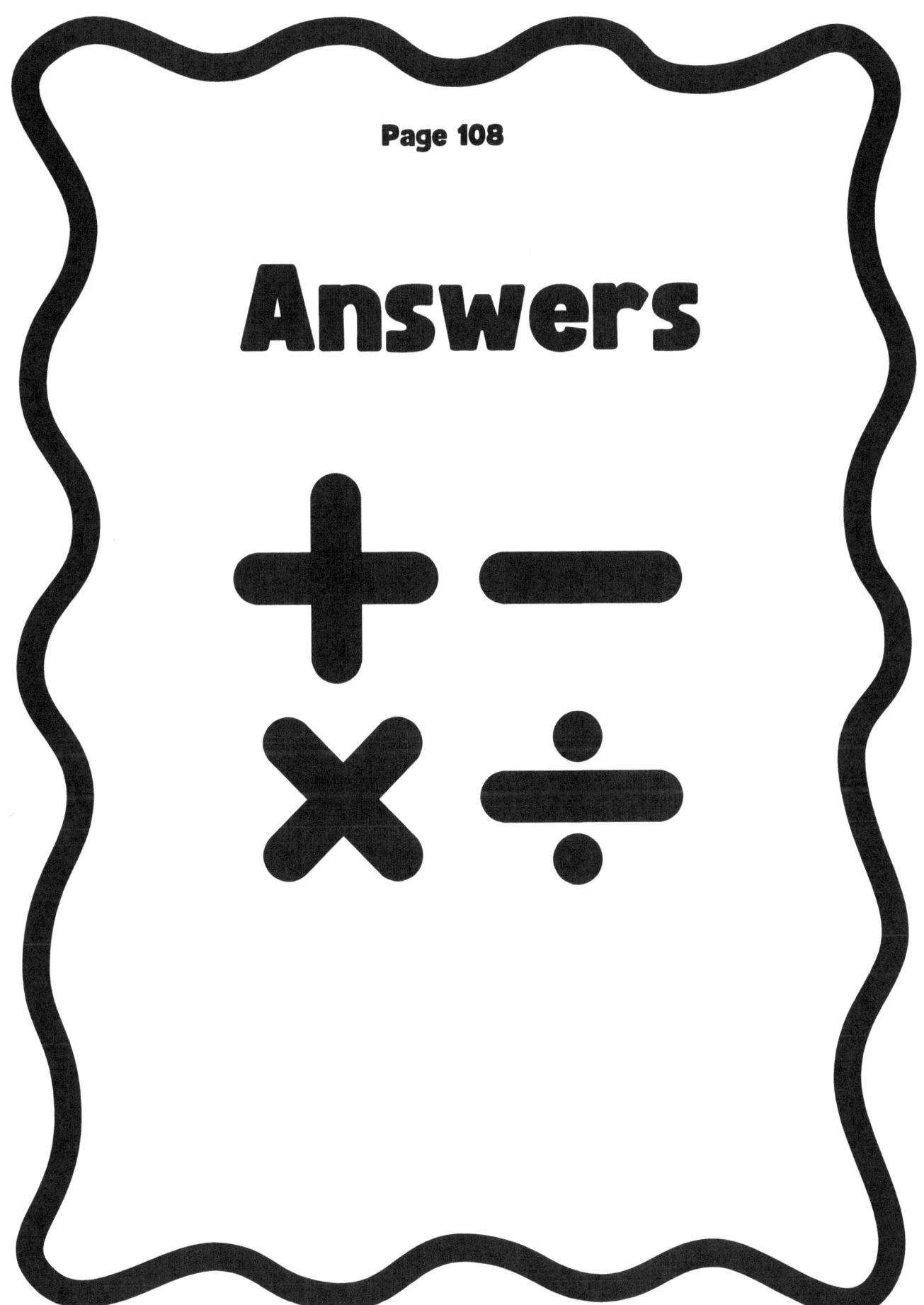

Page 5, Item 1:
(1)89 (2)113 (3)31 (4)76 (5)65 (6)120 (7)161 (8)110 (9)128 (10)125 (11)52 (12)117 (13)75 (14)140 (15)85 (16)146 (17)161 (18)81 (19)97 (20)99 (21)105 (22)107 (23)160 (24)153 (25)83 (26)98 (27)132 (28)162 (29)173 (30)168

Page 6, Item 1:
(1)118 (2)129 (3)118 (4)139 (5)105 (6)158 (7)83 (8)102 (9)53 (10)109 (11)132 (12)100 (13)66 (14)88 (15)76 (16)136 (17)171 (18)44 (19)69 (20)118 (21)117 (22)93 (23)151 (24)60 (25)121 (26)52 (27)58 (28)59 (29)104 (30)55

Page 7, Item 1:
(1)23 (2)48 (3)30 (4)52 (5)88 (6)85 (7)49 (8)98 (9)18 (10)14 (11)15 (12)12 (13)44 (14)9 (15)38 (16)43 (17)12 (18)25 (19)51 (20)41 (21)81 (22)95 (23)31 (24)48 (25)46 (26)40 (27)11 (28)62 (29)71 (30)39

Page 8, Item 1:
(1)52 (2)11 (3)24 (4)98 (5)62 (6)63 (7)9 (8)33 (9)74 (10)72 (11)69 (12)53 (13)34 (14)45 (15)64 (16)25 (17)14 (18)23 (19)39 (20)10 (21)74 (22)70 (23)26 (24)60 (25)83 (26)82 (27)95 (28)22 (29)19 (30)42

Page 9, Item 1:
(1)38 (2)44 (3)85 (4)72 (5)43 (6)9 (7)44 (8)98 (9)50 (10)54 (11)43 (12)21 (13)19 (14)26 (15)77 (16)33 (17)53 (18)61 (19)37 (20)39 (21)78 (22)19 (23)30 (24)43 (25)37 (26)69 (27)72 (28)28 (29)21 (30)58

Page 10, Item 1:
(1)42 (2)70 (3)58 (4)27 (5)53 (6)94 (7)37 (8)67 (9)36 (10)26 (11)93 (12)55 (13)12 (14)73 (15)89 (16)50 (17)27 (18)53 (19)87 (20)77 (21)79 (22)70 (23)57 (24)94 (25)23 (26)42 (27)21 (28)20 (29)99 (30)98

Page 11, Item 1:
(1)83 (2)66 (3)65 (4)27 (5)37 (6)56 (7)81 (8)56 (9)52 (10)95 (11)32 (12)21 (13)70 (14)26 (15)94 (16)25 (17)26 (18)11 (19)29 (20)53 (21)70 (22)95 (23)59 (24)57 (25)67 (26)40 (27)76 (28)64 (29)93 (30)89

Page 12, Item 1:
(1)155 (2)42 (3)114 (4)64 (5)86 (6)107 (7)135 (8)49 (9)157 (10)103 (11)138 (12)49 (13)74 (14)124 (15)111 (16)48 (17)159 (18)101 (19)146 (20)89 (21)77 (22)81 (23)109 (24)160 (25)118 (26)107 (27)71 (28)105 (29)23 (30)80

Page 13, Item 1:
(1)93 (2)87 (3)107 (4)133 (5)82 (6)81 (7)141 (8)107 (9)122 (10)116 (11)100 (12)145 (13)125 (14)112 (15)80 (16)164 (17)103 (18)113 (19)66 (20)116 (21)91 (22)80 (23)112 (24)87 (25)92 (26)131 (27)129 (28)194 (29)106 (30)149

Page 14, Item 1:
(1)38 (2)77 (3)82 (4)63 (5)51 (6)76 (7)89 (8)48 (9)25 (10)67 (11)92 (12)57 (13)89 (14)91 (15)32 (16)86 (17)39 (18)53 (19)21 (20)74 (21)99 (22)20 (23)93 (24)84 (25)35 (26)25 (27)53 (28)20 (29)84 (30)73

Page 15, Item 1:
(1)97 (2)73 (3)71 (4)55 (5)56 (6)64 (7)26 (8)66 (9)33 (10)95 (11)70 (12)21 (13)16 (14)31 (15)26 (16)45 (17)34 (18)56 (19)72 (20)52 (21)89 (22)87 (23)26 (24)98 (25)40 (26)63 (27)60 (28)21 (29)16 (30)29

Page 16, Item 1:
(1)63 (2)32 (3)89 (4)92 (5)89 (6)84 (7)28 (8)13 (9)58 (10)15 (11)13 (12)30 (13)53 (14)13 (15)56 (16)74 (17)93 (18)50 (19)69 (20)56 (21)31 (22)11 (23)80 (24)54 (25)82 (26)20 (27)82 (28)96 (29)41 (30)65

Page 17, Item 1:
(1)102 (2)139 (3)135 (4)100 (5)70 (6)98 (7)120 (8)71 (9)138 (10)42 (11)58 (12)44 (13)109 (14)161 (15)155 (16)43 (17)85 (18)90 (19)151 (20)104 (21)111 (22)33 (23)79 (24)88 (25)41 (26)101 (27)128 (28)97 (29)142 (30)129

Page 18, Item 1:
(1)129 (2)106 (3)117 (4)144 (5)142 (6)117 (7)61 (8)157 (9)135 (10)124 (11)54 (12)106 (13)74 (14)97 (15)187 (16)95 (17)102 (18)173 (19)109 (20)93 (21)137 (22)91 (23)74 (24)65 (25)182 (26)171 (27)138 (28)91 (29)145 (30)103

Page 19, Item 1:
(1)82 (2)19 (3)75 (4)40 (5)19 (6)16 (7)89 (8)80 (9)31 (10)96 (11)11 (12)9 (13)76 (14)54 (15)80 (16)96 (17)73 (18)15 (19)71 (20)89 (21)38 (22)63 (23)13 (24)50 (25)52 (26)45 (27)87 (28)53 (29)48 (30)51

Page 20, Item 1:
(1)16 (2)52 (3)76 (4)56 (5)25 (6)29 (7)61 (8)65 (9)14 (10)56 (11)82 (12)83 (13)37 (14)21 (15)73 (16)86 (17)50 (18)98 (19)44 (20)98 (21)53 (22)80 (23)25 (24)72 (25)54 (26)94 (27)63 (28)47 (29)23 (30)95

Page 21, Item 1:
(1)48 (2)88 (3)60 (4)11 (5)70 (6)24 (7)99 (8)40 (9)32 (10)82 (11)56 (12)98 (13)73 (14)54 (15)39 (16)12 (17)99 (18)74 (19)93 (20)38 (21)49 (22)21 (23)31 (24)35 (25)52 (26)46 (27)95 (28)79 (29)51 (30)11

Page 22, Item 1:
(1)33 (2)94 (3)38 (4)51 (5)42 (6)17 (7)44 (8)85 (9)32 (10)36 (11)89 (12)95 (13)57 (14)34 (15)14 (16)17 (17)13 (18)28 (19)75 (20)31 (21)18 (22)81 (23)31 (24)77 (25)89 (26)52 (27)50 (28)37 (29)75 (30)79

Page 23, Item 1:
(1)98 (2)116 (3)35 (4)93 (5)100 (6)134 (7)118 (8)87 (9)71 (10)93 (11)105 (12)75 (13)161 (14)112 (15)50 (16)167 (17)183 (18)101 (19)71 (20)145 (21)95 (22)115 (23)114 (24)105 (25)54 (26)186 (27)72 (28)86 (29)182 (30)78

Page 24, Item 1:
(1)92 (2)176 (3)148 (4)169 (5)110 (6)124 (7)108 (8)134 (9)121 (10)43 (11)143 (12)52 (13)144 (14)59 (15)164 (16)112 (17)147 (18)57 (19)104 (20)142 (21)111 (22)142 (23)167 (24)98 (25)125 (26)68 (27)151 (28)110 (29)150 (30)164

Page 25, Item 1:
(1)34 (2)33 (3)29 (4)18 (5)25 (6)64 (7)55 (8)44 (9)13 (10)67 (11)11 (12)36 (13)36 (14)72 (15)84 (16)85 (17)88 (18)68 (19)12 (20)10 (21)27 (22)83 (23)22 (24)96 (25)25 (26)32 (27)34 (28)99 (29)98 (30)37

Page 26, Item 1:
(1)12 (2)34 (3)88 (4)52 (5)52 (6)34 (7)88 (8)36 (9)70 (10)72 (11)53 (12)49 (13)99 (14)99 (15)59 (16)90 (17)81 (18)50 (19)11 (20)32 (21)75 (22)17 (23)65 (24)42 (25)40 (26)99 (27)37 (28)93 (29)22 (30)84

Page 27, Item 1:
(1)28 (2)85 (3)43 (4)86 (5)45 (6)16 (7)50 (8)61 (9)78 (10)31 (11)97 (12)21 (13)99 (14)27 (15)63 (16)43 (17)88 (18)26 (19)32 (20)58 (21)91 (22)36 (23)13 (24)61 (25)18 (26)74 (27)72 (28)88 (29)82 (30)62

Page 28, Item 1:
(1)99 (2)35 (3)67 (4)25 (5)65 (6)9 (7)9 (8)83 (9)18 (10)26 (11)94 (12)70 (13)11 (14)85 (15)42 (16)85 (17)52 (18)38 (19)20 (20)43 (21)98 (22)22 (23)49 (24)65 (25)41 (26)78 (27)37 (28)94 (29)23 (30)57

Page 29, Item 1:
(1)104 (2)99 (3)53 (4)66 (5)127 (6)117 (7)92 (8)163 (9)104 (10)86 (11)101 (12)131 (13)89 (14)149 (15)121 (16)145 (17)27 (18)81 (19)86 (20)110 (21)123 (22)65 (23)86 (24)101 (25)119 (26)70 (27)153 (28)84 (29)112 (30)113

Page 31, Item 1:
(1)12 (2)9 (3)19 (4)60 (5)10 (6)10 (7)62 (8)73 (9)6 (10)15 (11)45 (12)17 (13)73 (14)8 (15)57 (16)13 (17)26 (18)45 (19)60 (20)6 (21)36 (22)63 (23)5 (24)5 (25)37 (26)76 (27)87 (28)35 (29)5 (30)0

Page 32, Item 1:
(1)0 (2)52 (3)3 (4)13 (5)24 (6)17 (7)6 (8)51 (9)23 (10)48 (11)50 (12)36 (13)19 (14)44 (15)29 (16)16 (17)44 (18)48 (19)38 (20)34 (21)8 (22)10 (23)24 (24)73 (25)29 (26)13 (27)12 (28)6 (29)19 (30)42

Page 33, Item 1:
(1)40 (2)20 (3)25 (4)46 (5)19 (6)23 (7)45 (8)24 (9)59 (10)62 (11)40 (12)43 (13)18 (14)11 (15)34 (16)9 (17)15 (18)69 (19)11 (20)42 (21)19 (22)11 (23)10 (24)34 (25)47 (26)41 (27)45 (28)71 (29)38 (30)36

Page 34, Item 1:
(1)16 (2)89 (3)12 (4)15 (5)14 (6)86 (7)25 (8)58 (9)46 (10)54 (11)53 (12)80 (13)16 (14)46 (15)9 (16)14 (17)11 (18)15 (19)23 (20)38 (21)21 (22)38 (23)56 (24)69 (25)22 (26)21 (27)14 (28)12 (29)23 (30)83

Page 35, Item 1:
(1)21 (2)65 (3)67 (4)61 (5)36 (6)48 (7)25 (8)23 (9)57 (10)96 (11)73 (12)55 (13)98 (14)80 (15)81 (16)92 (17)86 (18)83 (19)60 (20)61 (21)73 (22)72 (23)95 (24)85 (25)62 (26)33 (27)64 (28)29 (29)70 (30)28

Page 36, Item 1:
(1)98 (2)85 (3)12 (4)91 (5)66 (6)65 (7)99 (8)92 (9)41 (10)71 (11)23 (12)57 (13)56

(14)30 (15)46 (16)22 (17)63 (18)75 (19)85
(20)68 (21)90 (22)75 (23)98 (24)92 (25)66
(26)88 (27)55 (28)59 (29)94 (30)84

Page 37, Item 1:
(1)27 (2)22 (3)38 (4)29 (5)22 (6)15 (7)15
(8)77 (9)12 (10)25 (11)6 (12)38 (13)65
(14)2 (15)68 (16)32 (17)19 (18)17 (19)22
(20)21 (21)18 (22)46 (23)17 (24)23 (25)35
(26)52 (27)4 (28)16 (29)18 (30)12

Page 38, Item 1:
(1)23 (2)68 (3)39 (4)32 (5)14 (6)9 (7)54
(8)44 (9)53 (10)8 (11)53 (12)40 (13)34
(14)9 (15)58 (16)29 (17)25 (18)32 (19)52
(20)7 (21)38 (22)25 (23)73 (24)43 (25)39
(26)45 (27)32 (28)38 (29)11 (30)1

Page 39, Item 1:
(1)69 (2)48 (3)50 (4)90 (5)72 (6)42 (7)61
(8)75 (9)41 (10)68 (11)96 (12)96 (13)74
(14)66 (15)70 (16)78 (17)65 (18)82 (19)93
(20)92 (21)49 (22)77 (23)65 (24)51 (25)76
(26)60 (27)48 (28)85 (29)42 (30)47

Page 40, Item 1:
(1)95 (2)94 (3)40 (4)48 (5)87 (6)38 (7)80
(8)99 (9)74 (10)90 (11)92 (12)85 (13)44
(14)91 (15)87 (16)91 (17)92 (18)97 (19)63
(20)65 (21)73 (22)64 (23)81 (24)72 (25)54
(26)97 (27)42 (28)41 (29)44 (30)49

Page 41, Item 1:
(1)33 (2)46 (3)22 (4)21 (5)18 (6)63 (7)53
(8)19 (9)68 (10)13 (11)55 (12)13 (13)46
(14)59 (15)21 (16)49 (17)10 (18)11 (19)70
(20)40 (21)59 (22)22 (23)38 (24)67 (25)12
(26)12 (27)29 (28)59 (29)64 (30)41

Page 42, Item 1:
(1)17 (2)31 (3)12 (4)64 (5)41 (6)17 (7)49
(8)13 (9)57 (10)69 (11)28 (12)42 (13)39

(14)11 (15)31 (16)15 (17)17 (18)40 (19)26
(20)52 (21)10 (22)68 (23)22 (24)28 (25)35
(26)67 (27)20 (28)14 (29)43 (30)50

Page 43, Item 1:
(1)27 (2)78 (3)91 (4)91 (5)37 (6)54 (7)47
(8)45 (9)91 (10)93 (11)68 (12)89 (13)62
(14)95 (15)37 (16)96 (17)45 (18)97 (19)56
(20)61 (21)88 (22)61 (23)55 (24)56 (25)98
(26)70 (27)51 (28)98 (29)62 (30)17

Page 44, Item 1:
(1)38 (2)65 (3)47 (4)19 (5)95 (6)91 (7)99
(8)51 (9)68 (10)95 (11)98 (12)90 (13)88
(14)21 (15)99 (16)98 (17)95 (18)88 (19)87
(20)78 (21)97 (22)85 (23)30 (24)64 (25)37
(26)80 (27)57 (28)75 (29)44 (30)54

Page 45, Item 1:
(1)20 (2)31 (3)4 (4)72 (5)38 (6)40 (7)16
(8)36 (9)23 (10)64 (11)36 (12)57 (13)36
(14)89 (15)38 (16)30 (17)62 (18)31 (19)5
(20)29 (21)68 (22)48 (23)46 (24)1 (25)53
(26)6 (27)16 (28)54 (29)57 (30)4

Page 46, Item 1:
(1)10 (2)10 (3)6 (4)28 (5)31 (6)10 (7)32
(8)11 (9)19 (10)8 (11)7 (12)17 (13)61
(14)41 (15)37 (16)37 (17)69 (18)68 (19)2
(20)39 (21)0 (22)24 (23)6 (24)17 (25)56
(26)49 (27)9 (28)30 (29)17 (30)23

Page 47, Item 1:
(1)19 (2)16 (3)85 (4)38 (5)35 (6)10 (7)66
(8)85 (9)44 (10)23 (11)44 (12)58 (13)44

(14)31 (15)32 (16)21 (17)29 (18)16 (19)24
(20)77 (21)74 (22)16 (23)62 (24)22 (25)88
(26)51 (27)35 (28)75 (29)46 (30)37

Page 48, Item 1:
(1)9 (2)59 (3)11 (4)31 (5)41 (6)23 (7)58
(8)34 (9)10 (10)68 (11)53 (12)16 (13)45
(14)29 (15)35 (16)71 (17)68 (18)79 (19)21
(20)16 (21)62 (22)46 (23)52 (24)75 (25)47
(26)35 (27)64 (28)59 (29)74 (30)83

Page 49, Item 1:
(1)9 (2)8 (3)24 (4)33 (5)17 (6)3 (7)86 (8)42
(9)40 (10)53 (11)1 (12)61 (13)3 (14)43
(15)45 (16)46 (17)11 (18)24 (19)3 (20)22
(21)4 (22)38 (23)31 (24)12 (25)30 (26)30
(27)4 (28)38 (29)6 (30)28

Page 50, Item 1:
(1)59 (2)2 (3)31 (4)63 (5)40 (6)41 (7)54
(8)54 (9)32 (10)22 (11)21 (12)38 (13)58
(14)1 (15)63 (16)25 (17)71 (18)29 (19)16
(20)30 (21)34 (22)44 (23)68 (24)2 (25)40
(26)8 (27)17 (28)12 (29)36 (30)17

Page 51, Item 1:
(1)21 (2)55 (3)78 (4)82 (5)99 (6)71 (7)50
(8)84 (9)98 (10)81 (11)44 (12)83 (13)89
(14)39 (15)91 (16)75 (17)92 (18)58 (19)42
(20)79 (21)76 (22)60 (23)64 (24)68 (25)79
(26)64 (27)64 (28)30 (29)30 (30)75

Page 52, Item 1:
(1)93 (2)99 (3)63 (4)91 (5)25 (6)81 (7)86
(8)88 (9)54 (10)81 (11)93 (12)61 (13)87
(14)43 (15)41 (16)67 (17)93 (18)46 (19)89
(20)67 (21)61 (22)58 (23)63 (24)88 (25)82
(26)41 (27)82 (28)40 (29)96 (30)92

Page 53, Item 1:
(1)63 (2)10 (3)9 (4)47 (5)26 (6)30 (7)37
(8)22 (9)23 (10)74 (11)84 (12)38 (13)38
(14)47 (15)32 (16)54 (17)57 (18)52 (19)12
(20)69 (21)19 (22)41 (23)13 (24)27 (25)16
(26)54 (27)46 (28)52 (29)49 (30)35

Page 54, Item 1:
(1)56 (2)32 (3)25 (4)65 (5)10 (6)12 (7)41
(8)51 (9)94 (10)22 (11)61 (12)50 (13)16
(14)88 (15)20 (16)30 (17)37 (18)9 (19)27
(20)15 (21)34 (22)38 (23)29 (24)17 (25)18
(26)90 (27)15 (28)59 (29)81 (30)95

Page 55, Item 1:
(1)9 (2)14 (3)44 (4)16 (5)54 (6)50 (7)50
(8)2 (9)41 (10)34 (11)26 (12)0 (13)32
(14)11 (15)5 (16)71 (17)21 (18)25 (19)64
(20)11 (21)1 (22)37 (23)24 (24)85 (25)65
(26)18 (27)41 (28)24 (29)57 (30)39

Page 57, Item 1:
(1)6 (2)72 (3)35 (4)18 (5)30 (6)56 (7)35
(8)54 (9)28 (10)12 (11)27 (12)63 (13)16
(14)27 (15)48 (16)24 (17)35 (18)20 (19)4
(20)18 (21)64 (22)12 (23)12 (24)5 (25)10
(26)8 (27)36 (28)15 (29)45 (30)4

Page 58, Item 1:
(1)48 (2)28 (3)27 (4)5 (5)24 (6)6 (7)30
(8)15 (9)30 (10)36 (11)9 (12)63 (13)8
(14)6 (15)8 (16)14 (17)20 (18)5 (19)18
(20)12 (21)18 (22)9 (23)7 (24)8 (25)36
(26)49 (27)8 (28)35 (29)54 (30)8

Page 59, Item 1:
(1)6 (2)1 (3)8 (4)4 (5)1 (6)7 (7)1 (8)4 (9)3
(10)3 (11)1 (12)6 (13)5 (14)5 (15)4 (16)6

(17)8 (18)1 (19)2 (20)7 (21)9 (22)1 (23)8
(24)8 (25)3 (26)1 (27)5 (28)3 (29)4 (30)3

Page 60, Item 1:
(1)2 (2)9 (3)1 (4)9 (5)5 (6)9 (7)6 (8)1 (9)5
(10)5 (11)3 (12)4 (13)7 (14)8 (15)6 (16)5
(17)7 (18)9 (19)5 (20)5 (21)5 (22)6 (23)1
(24)5 (25)5 (26)7 (27)8 (28)6 (29)9 (30)3

Page 61, Item 1:
(1)5 (2)4 (3)5 (4)6 (5)5 (6)1 (7)8 (8)2 (9)6
(10)4 (11)7 (12)4 (13)7 (14)7 (15)3 (16)3
(17)5 (18)7 (19)1 (20)5 (21)1 (22)5 (23)4
(24)3 (25)6 (26)4 (27)1 (28)6 (29)3 (30)3

Page 62, Item 1:
(1)3 (2)8 (3)7 (4)4 (5)4 (6)9 (7)5 (8)6 (9)8
(10)2 (11)7 (12)8 (13)8 (14)4 (15)1 (16)1
(17)1 (18)8 (19)5 (20)5 (21)3 (22)1 (23)2
(24)7 (25)5 (26)2 (27)4 (28)3 (29)6 (30)6

Page 63, Item 1:
(1)96 (2)9 (3)5 (4)72 (5)24 (6)33 (7)77
(8)44 (9)50 (10)20 (11)30 (12)32 (13)6
(14)27 (15)50 (16)4 (17)70 (18)132 (19)30
(20)16 (21)32 (22)6 (23)24 (24)72 (25)54
(26)36 (27)56 (28)40 (29)12 (30)48

Page 64, Item 1:
(1)99 (2)72 (3)4 (4)32 (5)96 (6)56 (7)56
(8)14 (9)33 (10)30 (11)42 (12)36 (13)28
(14)63 (15)132 (16)90 (17)144 (18)12
(19)99 (20)12 (21)72 (22)64 (23)12 (24)66
(25)72 (26)44 (27)54 (28)18 (29)8 (30)132

Page 65, Item 1:
(1)1 (2)4 (3)3 (4)11 (5)9 (6)1 (7)2 (8)9 (9)8
(10)8 (11)2 (12)4 (13)8 (14)3 (15)5 (16)12
(17)2 (18)1 (19)1 (20)2 (21)3 (22)6 (23)11
(24)5 (25)12 (26)7 (27)9 (28)12 (29)7
(30)2

Page 66, Item 1:
(1)5 (2)7 (3)10 (4)9 (5)11 (6)8 (7)5 (8)3
(9)12 (10)5 (11)6 (12)3 (13)4 (14)8 (15)3
(16)5 (17)12 (18)5 (19)7 (20)3 (21)4
(22)11 (23)5 (24)9 (25)1 (26)1 (27)5 (28)7
(29)9 (30)2

Page 67, Item 1:
(1)7 (2)10 (3)11 (4)2 (5)8 (6)1 (7)2 (8)7
(9)6 (10)12 (11)6 (12)12 (13)7 (14)4 (15)1
(16)10 (17)9 (18)3 (19)7 (20)9 (21)8 (22)1
(23)7 (24)3 (25)1 (26)12 (27)10 (28)2
(29)2 (30)3

Page 68, Item 1:
(1)5 (2)11 (3)12 (4)8 (5)1 (6)4 (7)12 (8)9
(9)8 (10)8 (11)12 (12)1 (13)2 (14)9 (15)12
(16)3 (17)9 (18)5 (19)10 (20)8 (21)12
(22)10 (23)3 (24)8 (25)3 (26)3 (27)10
(28)9 (29)5 (30)6

Page 69, Item 1:
(1)48 (2)42 (3)42 (4)6 (5)70 (6)24 (7)56
(8)64 (9)2 (10)35 (11)9 (12)20 (13)24
(14)24 (15)35 (16)3 (17)12 (18)8 (19)63
(20)48 (21)28 (22)35 (23)21 (24)24 (25)27
(26)40 (27)60 (28)30 (29)56 (30)60

Page 70, Item 1:
(1)11 (2)24 (3)28 (4)48 (5)35 (6)15 (7)15
(8)10 (9)54 (10)56 (11)4 (12)40 (13)10
(14)27 (15)60 (16)3 (17)108 (18)18 (19)81
(20)90 (21)10 (22)6 (23)24 (24)40 (25)18
(26)5 (27)11 (28)2 (29)18 (30)6

Page 71, Item 1:
(1)2 (2)6 (3)7 (4)9 (5)2 (6)4 (7)6 (8)2 (9)10 (10)2 (11)9 (12)8 (13)3 (14)10 (15)4 (16)8 (17)1 (18)7 (19)10 (20)2 (21)7 (22)4 (23)12 (24)4 (25)1 (26)1 (27)12 (28)9 (29)11 (30)9

Page 72, Item 1:
(1)7 (2)10 (3)8 (4)1 (5)10 (6)5 (7)1 (8)9 (9)9 (10)7 (11)1 (12)7 (13)6 (14)10 (15)11 (16)2 (17)9 (18)9 (19)10 (20)4 (21)9 (22)7 (23)10 (24)2 (25)2 (26)11 (27)4 (28)11 (29)8 (30)10

Page 73, Item 1:
(1)6 (2)9 (3)8 (4)7 (5)8 (6)8 (7)6 (8)3 (9)5 (10)10 (11)4 (12)11 (13)5 (14)6 (15)6 (16)3 (17)9 (18)1 (19)10 (20)2 (21)3 (22)8 (23)9 (24)11 (25)11 (26)8 (27)3 (28)12 (29)11 (30)6

Page 74, Item 1:
(1)12 (2)6 (3)11 (4)6 (5)9 (6)8 (7)10 (8)7 (9)7 (10)12 (11)1 (12)7 (13)8 (14)8 (15)4 (16)7 (17)12 (18)8 (19)8 (20)2 (21)9 (22)1 (23)9 (24)4 (25)12 (26)10 (27)5 (28)8 (29)12 (30)4

Page 75, Item 1:
(1)72 (2)28 (3)42 (4)40 (5)60 (6)6 (7)45 (8)60 (9)20 (10)55 (11)20 (12)96 (13)2 (14)60 (15)12 (16)4 (17)36 (18)36 (19)40 (20)30 (21)21 (22)35 (23)12 (24)2 (25)24 (26)6 (27)10 (28)4 (29)3 (30)88

Page 76, Item 1:
(1)28 (2)12 (3)10 (4)99 (5)36 (6)8 (7)42 (8)81 (9)54 (10)88 (11)36 (12)72 (13)81 (14)9 (15)3 (16)66 (17)2 (18)144 (19)11 (20)10 (21)35 (22)12 (23)14 (24)18 (25)45 (26)88 (27)5 (28)132 (29)108 (30)36

Page 77, Item 1:
(1)5 (2)10 (3)6 (4)12 (5)4 (6)4 (7)12 (8)11 (9)9 (10)7 (11)6 (12)2 (13)11 (14)4 (15)7 (16)6 (17)3 (18)2 (19)12 (20)12 (21)11 (22)5 (23)10 (24)3 (25)8 (26)3 (27)7 (28)4 (29)10 (30)8

Page 78, Item 1:
(1)10 (2)3 (3)3 (4)3 (5)12 (6)2 (7)12 (8)3 (9)12 (10)11 (11)1 (12)12 (13)4 (14)2 (15)1 (16)2 (17)2 (18)12 (19)10 (20)1 (21)5 (22)6 (23)12 (24)4 (25)9 (26)6 (27)3 (28)5 (29)12 (30)7

Page 79, Item 1:
(1)11 (2)10 (3)1 (4)5 (5)6 (6)9 (7)4 (8)9 (9)8 (10)9 (11)4 (12)7 (13)7 (14)7 (15)1 (16)1 (17)5 (18)3 (19)8 (20)4 (21)10 (22)4 (23)5 (24)11 (25)8 (26)2 (27)4 (28)6 (29)6 (30)5

Page 80, Item 1:
(1)10 (2)11 (3)8 (4)2 (5)2 (6)1 (7)5 (8)11 (9)9 (10)2 (11)1 (12)11 (13)9 (14)8 (15)4 (16)8 (17)8 (18)6 (19)6 (20)8 (21)2 (22)12 (23)4 (24)6 (25)10 (26)9 (27)12 (28)12 (29)4 (30)3

Page 81, Item 1:
(1)3 (2)10 (3)48 (4)10 (5)50 (6)48 (7)6 (8)14 (9)70 (10)24 (11)27 (12)8 (13)9 (14)66 (15)18 (16)1 (17)6 (18)1 (19)50 (20)63 (21)40 (22)96 (23)15 (24)28 (25)66 (26)50 (27)24 (28)70 (29)27 (30)18

Page 83, Item 1:
(1)1 (2)2 (3)1 (4)5 (5)2 (6)11 (7)1 (8)1 (9)3 (10)1 (11)7 (12)2 (13)1 (14)3 (15)2 (16)5 (17)3 (18)3 (19)5 (20)1 (21)6 (22)8 (23)5 (24)4 (25)4 (26)7 (27)5 (28)4 (29)1 (30)2

Page 84, Item 1:
(1)3 (2)2 (3)12 (4)7 (5)17 (6)15 (7)1 (8)15 (9)5 (10)18 (11)2 (12)28 (13)13 (14)11 (15)15 (16)15 (17)17 (18)8 (19)8 (20)17 (21)2 (22)27 (23)7 (24)3 (25)13 (26)23 (27)19 (28)4 (29)6 (30)23

Page 85, Item 1:
(1)3 (2)3 (3)3 (4)2 (5)2 (6)2 (7)8 (8)2 (9)5 (10)3 (11)2 (12)2 (13)2 (14)2 (15)7 (16)2 (17)2 (18)7 (19)2 (20)8 (21)5 (22)3 (23)3 (24)3 (25)2 (26)3 (27)3 (28)4 (29)3 (30)4

Page 86, Item 1:
(1)7 (2)7 (3)2 (4)2 (5)2 (6)3 (7)2 (8)3 (9)3 (10)2 (11)2 (12)4 (13)2 (14)8 (15)3 (16)5 (17)8 (18)2 (19)2 (20)7 (21)2 (22)6 (23)3 (24)3 (25)2 (26)7 (27)6 (28)4 (29)2 (30)5

Page 87, Item 1:
(1)81 (2)22 (3)3 (4)49 (5)90 (6)72 (7)90 (8)28 (9)27 (10)78 (11)76 (12)15 (13)21 (14)64 (15)85 (16)25 (17)34 (18)28 (19)25 (20)68 (21)35 (22)4 (23)81 (24)5 (25)8 (26)44 (27)44 (28)6 (29)40 (30)9

Page 88, Item 1:
(1)7 (2)74 (3)58 (4)50 (5)44 (6)76 (7)45 (8)2 (9)9 (10)56 (11)75 (12)70 (13)30 (14)76 (15)87 (16)22 (17)49 (18)49 (19)46 (20)7 (21)87 (22)87 (23)5 (24)2 (25)32 (26)44 (27)74 (28)40 (29)22 (30)55

Page 89, Item 1:
(1)3 (2)5 (3)1 (4)5 (5)11 (6)20 (7)13 (8)2 (9)5 (10)13 (11)13 (12)5 (13)20 (14)3 (15)41 (16)17 (17)3 (18)23 (19)1 (20)43 (21)8 (22)31 (23)9 (24)1 (25)12 (26)7 (27)3 (28)43 (29)13 (30)26

Page 90, Item 1:
(1)29 (2)34 (3)33 (4)14 (5)31 (6)3 (7)7 (8)25 (9)7 (10)5 (11)17 (12)2 (13)2 (14)39 (15)21 (16)7 (17)3 (18)1 (19)5 (20)11 (21)11 (22)29 (23)26 (24)22 (25)25 (26)1 (27)29 (28)6 (29)7 (30)1

Page 91, Item 1:
(1)11 (2)11 (3)7 (4)3 (5)2 (6)10 (7)4 (8)7 (9)2 (10)5 (11)3 (12)4 (13)2 (14)3 (15)2 (16)3 (17)9 (18)7 (19)7 (20)9 (21)3 (22)4 (23)7 (24)3 (25)3 (26)2 (27)2 (28)3 (29)5 (30)7

Page 92, Item 1:
(1)3 (2)2 (3)4 (4)3 (5)1 (6)1 (7)11 (8)7 (9)5 (10)1 (11)1 (12)1 (13)1 (14)10 (15)1 (16)1 (17)2 (18)1 (19)4 (20)5 (21)3 (22)5 (23)1 (24)1 (25)2 (26)5 (27)4 (28)12 (29)3 (30)1

Page 93, Item 1:
(1)66 (2)5 (3)22 (4)51 (5)56 (6)52 (7)22 (8)92 (9)65 (10)69 (11)51 (12)24 (13)7 (14)16 (15)82 (16)63 (17)87 (18)11 (19)65 (20)16 (21)68 (22)66 (23)32 (24)11 (25)40 (26)74 (27)70 (28)55 (29)38 (30)20

Page 94, Item 1:
(1)15 (2)5 (3)11 (4)40 (5)29 (6)8 (7)13 (8)3 (9)12 (10)5 (11)31 (12)10 (13)28 (14)32 (15)1 (16)13 (17)13 (18)7 (19)9 (20)13

Page 116

(21)1 (22)9 (23)1 (24)2 (25)19 (26)7 (27)13 (28)6 (29)3 (30)44

Page 95, Item 1:
(1)15 (2)4 (3)11 (4)1 (5)14 (6)1 (7)3 (8)25 (9)9 (10)14 (11)43 (12)9 (13)5 (14)1 (15)15 (16)25 (17)31 (18)8 (19)1 (20)29 (21)46 (22)7 (23)31 (24)16 (25)3 (26)5 (27)13 (28)2 (29)17 (30)9

Page 96, Item 1:
(1)2 (2)5 (3)2 (4)3 (5)2 (6)3 (7)5 (8)3 (9)2 (10)2 (11)5 (12)3 (13)3 (14)4 (15)4 (16)3 (17)3 (18)11 (19)2 (20)3 (21)2 (22)5 (23)11 (24)3 (25)2 (26)12 (27)9 (28)10 (29)7 (30)3

Page 97, Item 1:
(1)8 (2)6 (3)2 (4)8 (5)4 (6)2 (7)5 (8)9 (9)3 (10)4 (11)11 (12)2 (13)3 (14)4 (15)5 (16)4 (17)2 (18)2 (19)4 (20)7 (21)2 (22)3 (23)7 (24)7 (25)3 (26)5 (27)9 (28)2 (29)10 (30)9

Page 98, Item 1:
(1)20 (2)7 (3)87 (4)84 (5)35 (6)26 (7)18 (8)14 (9)33 (10)33 (11)24 (12)21 (13)49 (14)35 (15)92 (16)14 (17)78 (18)57 (19)72 (20)98 (21)74 (22)22 (23)72 (24)46 (25)74 (26)10 (27)86 (28)9 (29)40 (30)84

Page 99, Item 1:
(1)26 (2)5 (3)18 (4)16 (5)15 (6)51 (7)92 (8)65 (9)99 (10)12 (11)33 (12)80 (13)87 (14)88 (15)12 (16)90 (17)94 (18)15 (19)98 (20)26 (21)15 (22)98 (23)72 (24)51 (25)78 (26)34 (27)28 (28)76 (29)92 (30)56

Page 100, Item 1:
(1)13 (2)2 (3)1 (4)41 (5)13 (6)11 (7)13 (8)7 (9)13 (10)1 (11)23 (12)13 (13)19 (14)23 (15)3 (16)13 (17)19 (18)22 (19)2 (20)5 (21)35 (22)25 (23)3 (24)13 (25)15 (26)18 (27)1 (28)2 (29)26 (30)14

Page 101, Item 1:
(1)7 (2)10 (3)14 (4)15 (5)32 (6)43 (7)7 (8)6 (9)4 (10)25 (11)24 (12)29 (13)1 (14)47 (15)2 (16)15 (17)1 (18)11 (19)34 (20)22 (21)9 (22)19 (23)1 (24)3 (25)7 (26)20 (27)41 (28)33 (29)13 (30)2

Page 102, Item 1:
(1)1 (2)1 (3)7 (4)1 (5)1 (6)12 (7)8 (8)3 (9)10 (10)1 (11)3 (12)7 (13)2 (14)1 (15)12 (16)1 (17)1 (18)1 (19)1 (20)1 (21)5 (22)2 (23)1 (24)8 (25)6 (26)1 (27)9 (28)1 (29)5 (30)3

Page 103, Item 1:
(1)50 (2)11 (3)54 (4)57 (5)99 (6)35 (7)7 (8)50 (9)49 (10)87 (11)60 (12)72 (13)87 (14)64 (15)68 (16)36 (17)85 (18)49 (19)2 (20)51 (21)5 (22)99 (23)84 (24)11 (25)28 (26)91 (27)94 (28)42 (29)25 (30)82

Page 104, Item 1:
(1)38 (2)30 (3)8 (4)33 (5)66 (6)42 (7)98 (8)81 (9)14 (10)3 (11)96 (12)38 (13)27 (14)76 (15)28 (16)36 (17)60 (18)44 (19)78 (20)44 (21)20 (22)54 (23)54 (24)69 (25)22 (26)15 (27)21 (28)14 (29)94 (30)27

Page 105, Item 1:
(1)1 (2)23 (3)10 (4)8 (5)1 (6)4 (7)5 (8)14 (9)1 (10)11 (11)29 (12)7 (13)6 (14)23 (15)7 (16)27 (17)4 (18)3 (19)18 (20)5 (21)4 (22)49 (23)1 (24)5 (25)8 (26)3 (27)8 (28)29 (29)9 (30)13

Page 106, Item 1:
(1)9 (2)8 (3)2 (4)7 (5)46 (6)1 (7)11 (8)7
(9)49 (10)2 (11)13 (12)17 (13)16 (14)29
(15)17 (16)22 (17)19 (18)8 (19)31 (20)11
(21)1 (22)38 (23)17 (24)1 (25)6 (26)6
(27)37 (28)9 (29)6 (30)29

Page 107, Item 1:
(1)2 (2)2 (3)3 (4)6 (5)2 (6)10 (7)11 (8)3
(9)8 (10)9 (11)3 (12)4 (13)5 (14)3 (15)9
(16)2 (17)11 (18)5 (19)7 (20)3 (21)5 (22)2
(23)5 (24)7 (25)12 (26)3 (27)7 (28)6 (29)2
(30)2

Name

Visit Giggle and Shade for More Activity and Coloring Books

Please Leave a Review

Purchased the printable on our website? Go to

giggleandshade.com

Purchased a physical copy on Amazon?

https://www.amazon.com/stores/Giggle-and-Shade/author/B0D9565K97

www.ingramcontent.com/pod-product-compliance
Lightning Source LLC
Chambersburg PA
CBHW062109220526
45471CB00010B/3659